しぐさでわかる

读懂狗狗语言，一本就够了

狗语大辞典

（日）西川文二 /著　孙立成 /译

イ ヌ 語 大 百 科

化学工业出版社

·北京·

しぐさでわかるイヌ語大百科 by 西川文二
ISBN 978-4-7973-7143-7
Shigusadewakaru Inugodaihyakka
Copyright © 2013 Bunji Nishikawa
Originally published in Japan by SB Creative Corp.
Chinese (in simplified character only) translation rights arranged with SB Creative Corp., Tokyo through
CREEK & RIVER Co., Ltd.
All rights reserved.

北京市版权局著作权合同登记号：01-2019-1518

图书在版编目(CIP)数据

狗语大辞典 /（日）西川文二 著；孙立成译.—北京：化学工业出版社，2019.9（2024.4 重印）
ISBN 978-7-122-34751-0

Ⅰ.①狗… Ⅱ.①西… ②孙… Ⅲ.①犬—驯养—基本知识 Ⅳ.①S829.2

中国版本图书馆CIP数据核字（2019）第124836号

责任编辑：王冬军　张　盼　　　　　　装帧设计：王　静
责任校对：王鹏飞

出版发行：化学工业出版社（北京市东城区青年湖南街13号　邮政编码100011）
印　　装：盛大（天津）印刷有限公司
880mm×1230mm　1/32　印张7　字数127千字　2024年4月北京第1版第6次印刷

购书咨询：010-64518888　　　售后服务：010-64518899
网　　址：http://www.cip.com.cn
凡购买本书，如有缺损质量问题，本社销售中心负责调换。

定　价：49.80元　　　　　　　　　　　　　　　版权所有　违者必究

序

　　陪伴我们的可爱狗狗虽然不会像人类一样开口说话，可它们个个都是优秀的"语言大师"，因为它们能够以某种肉眼可见的方式"讲述"自身的心理状态、目前所处的情况，或是承受压力的情形。事实上，狗狗的每一个反应、动作或行为，就好比是人类语言中的单字一样，如果我们不知道每个单字的意思，就无法理解整句话的含义。反过来，读懂这些单字的话，我们就能与狗狗进行友好且愉快的交流。

　　本书将逐个解析狗狗们的语言单字，以"辞典"的形式，连同语言的构成与其隐含的意义，也会加以说明。

　　现今，市面上已经有一些同类图书。另外，互联网上也能查到大量的狗语相关信息。与这些既有的图书以及网络资源相比，本书并不是隔靴搔痒式地为狗狗的某种动作行为简单地下定义，即"动作 A 就代表含义 B"，而是有理有据地详细分析它们每一种行为

举止的前因后果，即"由于动作 A 会导致结果 C，所以它代表含义 B"，或"由于动作 A 是因为机制 D 而引发，所以它代表含义 B"。由此来看，本书更像是一部狗语方面的百科全书。

本书共分为 6 章。

第 1 章将重点分析狗狗某种心理状态下的生理反应，并进一步分析出现这种反应的生理机制。

狗狗的面部表情很丰富，在第 2 章中，将主要就狗狗的表情变化进行解释说明。

第 3 章与第 4 章将解析狗狗"打哈欠""吐鼻息""嗅地面""舔主人的脸"等行为所隐含的特殊信息。近年来，通过犬类安定信号来解读狗狗的内心活动受到重视，这也是第 3 章、第 4 章的主要内容。安定信号既可以让狗狗自己冷静地面对周围事物，也可以让对方保持镇静，以创建一种和谐的交往环境。那么，安定信号为什么可以起到这些作用呢？这将是我在这两章要向读者们重点介绍的信息。

第 5 章将重点分析狗狗的一些"怪异"行为的形成原因，并提出比较理想的解决办法。

最后，在第 6 章中，将重点分析狗狗在各种场合吠叫的原因，并结合亲身经历向大家传授解决相关问题的良方妙策。狗狗的吠叫都具有一定的特殊含义，只要细心观察，认真思考狗狗的心理活动，各种问题都会迎刃而解。

本书的亮点之一就是每一章都插入了一篇或两篇"汪语再谈"栏目。在这些短文中，将重点分析人类可以通过哪些动作把自己的意思传达给狗狗等内容。

曾经，狗狗是人类的支配对象，它们与人类之间形成的是一种特殊的从属关系，作为支配地位的人类，完全没有必要知道狗狗们的内心想法。在现代社会中，这种情况已经不复存在。现在，狗狗作为我们认为最好的动物朋友，它们与人们和谐相处于这个社会上。

友好关系的建立离不开互相关心与互相理解，为对方排忧解难当然也是其中重要的一环。

希望本书能帮助各位宠主与自家狗狗建立和谐友好的关系，并衷心祝愿大家的生活越来越幸福！

西川文二

目录 | Contents

第 1 章

观察狗狗的生理反应

1-01

眼睛变色

愤怒　高兴　心理压力

恐惧　激动

　　日常生活中，我们会用"眼睛都发光了"来形容人们对某件事感到着迷或激动的样子。狗狗在情绪激昂的时候，也会出现眼睛变色的情况。实际上，瞳孔的大小变化是狗狗眼睛变色的主要原因。

　　瞳孔被虹膜包围，光线通过瞳孔之后刺激视网膜中的视神经。如果把虹膜比作照相机中的光圈，那瞳孔就是光线通过的地方。另外，人们所说的蓝色眼睛、褐色眼睛，其实指的就是虹膜的颜色。但狗狗的眼睛发生颜色变化，并不是虹膜的颜色变化所致，而和虹膜的大小变化有关系。虹膜变小，瞳孔即变大；虹膜变大，瞳孔则变小。瞳孔本身为单纯的孔洞，穿过瞳孔，可看到透明的晶状体以及视网膜，视网膜的个体差异较小，看起来一般是黑色的，因此不管是蓝色瞳孔、褐色瞳孔还是灰色瞳孔，瞳孔变大了之后，看起来都是偏黑色的感觉。

　　除了在阴暗的环境中瞳孔会变大外，当交感神经作用时，体内会释放肾上腺素，刺激瞳孔括约肌收缩而造成瞳孔放大。

　　心理压力过大或者兴奋的时候，交感神经就会发生作用。所以，当狗狗眼睛颜色发生变化的时候，我们应该确认一下它们是否有很大的心理压力。

　　我的狗狗在看到它特别喜欢的玩具时眼睛也会"放光"（即变色），这是因为兴奋时它的瞳孔变大了。

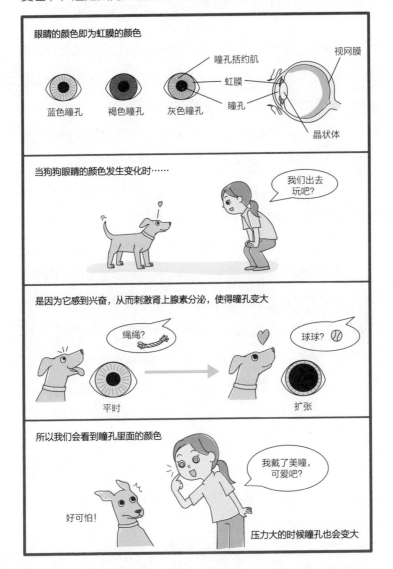

1-02

身体紧绷

在恐惧不安或者意识到危险迫近时，狗狗的身体会变得紧绷僵硬。这同样也是交感神经发生作用的结果——身体中肾上腺素增多，从而导致全身肌肉僵硬，呼吸急促，心跳加速。

一般来说，危险来临时，大家可能会因为恐惧而逃离。可是，当我们觉得逃跑是一种冒险，或者很难决定去留的时候，往往会僵立原地不动。在这一点上，狗狗和人的反应是一样的。我的狗狗曾经比较怕水，每次接近喷泉等有水的地方时，全身肌肉以及皮肤都是紧绷绷的。

为了减轻狗狗的心理压力，我们当然可以立即将其带离。不过，从长远考虑，还是让它适应这种"刺激"为好。我们可以用轻抚其皮肤的方式让它放松下来——不需要用太大的力量揉狗狗的肌肉，只需以能够推动皮肤的轻微力量按压皮肤，接着在狗狗的皮肤上画圈，以从下往上推的方式进行皮肤按摩。

另外，握住狗狗的尾巴根部轻轻地画圈也比较有效果。众所周知，狗狗在紧张的时候尾巴无法自由摆动。这是狗狗尾巴周围的肌肉受心理影响变僵硬的缘故。轻轻地来回抚摸其尾巴根处之后，狗狗尾巴根部的肌肉就会慢慢地放松下来，尾巴也就能够来回摆动了。

1-03

全身发抖

在面对好多人的时候，或者自己所参加的比赛即将开始的时候，很多人都会心跳加速、手脚发抖。造成这种情形的原因，就是精神紧张。

压力会导致交感神经发生作用，使得全身呈现僵硬的状态，此刻不只是肌肉僵硬，皮肤也会紧绷，毛细血管收缩，末梢神经被周围的组织压迫，感觉和反应都变得很迟钝。这时候，行动变得笨拙，连平常可以轻松做出的动作也难以完成。

狗狗全身发抖，也是因为压力。有的狗狗在跟主人外出后，会不停发抖，此时宠主往往会误认为狗狗是因为寒冷而发抖，还会给狗狗穿衣服。可是，穿了衣服的狗狗依然在发抖，其实这是狗狗害怕外出的缘故。

当然，我们也可以让它慢慢适应各种外来的刺激。比如，狗狗如果害怕打雷声、敲鼓声的话，那我们就可以将这些声音录下来适时地播放给它听。慢慢地，狗狗就会习惯这些声音了。（具体做法请参考本书第 150 页）

与身体紧绷相比，狗狗身体发抖是比较容易发现的。所以，为了能了解狗狗的心理状态，我们需要用眼睛仔细观察，对它用心呵护。

1-04

背毛竖起

兴奋、紧张的时候，在交感神经的作用之下，肌肉也会紧张。而狗狗的背毛就是在"立毛肌"紧张的情况下竖立起来的。

人们常说"怒发冲冠"，可实际上从来没有谁的头发会真的高高立起。但"立毛肌"的作用是真真正正存在的，所谓的鸡皮疙瘩，就是"立毛肌"作用所致。

由于人类体毛稀疏，很容易观察到毛根收缩耸立的样子。所谓"令人毛骨悚然"，就是指某事或某物过于恐怖而让人起鸡皮疙瘩的现象。

此外，不同的人容易起鸡皮疙瘩的部位也存在差异。有的人手臂容易起鸡皮疙瘩，有的人则是脖子容易起鸡皮疙瘩。

至于狗狗，只有几个地方的毛发竖立比较明显，主要是出现在肚子到背部的位置。但是，因为狗狗体毛长短各异，而且对恐惧的反应临界值也不尽相同，它们的背毛立起程度也不一样。一般来说，短毛犬紧张时背毛立起程度要比长毛犬明显很多。我家有一只短毛的混种日本犬，还有一只长毛的贵宾犬与腊肠犬的混种犬，相比而言，前者性格胆小，容易出现背毛竖起的现象，无论是在向对方示威的时候，还是在与初次见面的狗狗"寒暄"的时候，它的背毛都会高高地立起来。

当然，在寒冷的刺激下，狗狗的毛发也会竖立起来。这是为了让空气层变厚，从而减少体温的散失。由于寒冷对动物而言也是一种"危险"，因此寒冷时交感神经会发生作用。

9

1-05

胡须立起

老鼠的胡须就像传感器，让它们能够在狭小且阴暗的空间内活动自如。猫咪的胡须也有类似的功能。对于猫咪来说，胡须是其捕食以及避险时必不可缺的"装备"——通过胡须来感应缝隙或洞穴的宽度，由此判断自己是否能通过那些地方。当然，对于衣食无忧、养尊处优的宠物猫来说，即便没有胡须也可悠然度日。

同样地，宠物狗的胡须也变得可有可无了。所以，如果没有特别提出保留胡须的要求，宠物美容院一般都会"无情"地将狗狗的胡须剪掉。

尽管胡须已经失去了"传感"功能，但对宠主来说，狗狗的胡须还是有其存在意义的。在感知到有危险临近时，狗狗的表情肌与立毛肌都会紧张起来，在这种生理变化的影响之下，狗狗的胡须也会时立时倒。如果仔细观察，可以发现，狗狗胡须的变化甚至比耳朵或表情的变化出现得更早。因此，观察胡须的变化也是我们把握狗狗心理变化的一个好方法。

比如，狗狗在突然吠叫之前，胡须也会时立时倒。读懂这些信息，可以帮助我们避免因狗狗吠叫而对他人造成侵扰。

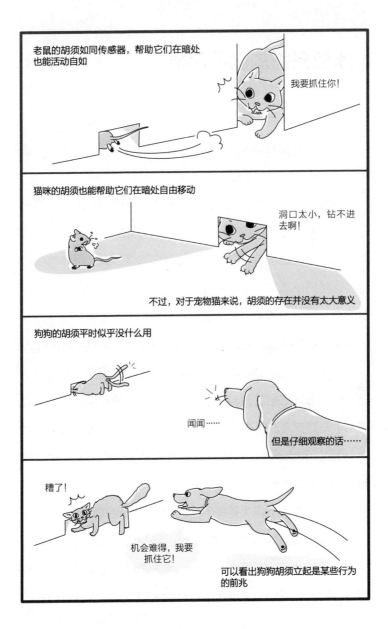

出现严重的脱毛现象

1-06

心理压力　不安　恐惧

　　与人类脱发类似，狗狗也会因为心理压力太大而脱毛。只不过，人类的脱发现象是压力长期累积的结果，而狗狗则会在十几分钟甚至几分钟的压力之下大量脱毛。

　　我曾经开设让4~5组宠主与狗狗一同参与的课程，目的是让狗狗学习有其他狗狗在场时，也能将注意力集中在主人身上。第一堂课结束后，往往发现某只狗狗身旁有大量脱落的体毛，这种情形通常发生在不太习惯社会化刺激的狗狗身上。同时，一直被主人紧紧拉着牵引绳的狗狗，有时也会有明显掉毛的现象。这两种现象都表明狗狗正处于紧张不安的精神状态。

　　人类脱发的机理可以这样总结：压力→交感神经支配→血流不畅→毛母细胞的营养输送不足→脱发。与此相对，狗狗的脱毛则与其立毛肌有关：心理压力→交感神经支配→立毛肌收缩→毛孔闭合后隆起→"死毛"（没有生命力的毛发）被挤压出来→脱毛现象出现。

　　在第一堂课出现大量掉毛的狗狗，在几次课后其掉毛情况会有所改善。这是因为狗狗在每次上课时能够得到足够的零食，从而渐渐习惯课堂的环境。此外，宠主通过课堂学习了如何从容对待狗狗，不再紧紧拉住牵引绳，这些都有助于缓解狗狗的心理压力。

在宠物咖啡馆经常能发现不少狗狗有大量脱毛的现象，此时，这些狗狗很可能处于精神强烈紧张的状态之下。

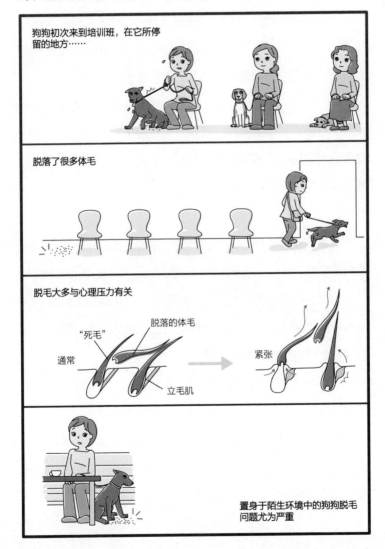

脱屑

1-07

心理压力　恐惧

不安

　　我曾经将自己所养的一只名叫大福的狗狗带到技能训练课堂上。当时，在近 100 名学员的围观下，我站在修毛桌前向大家演示如何为狗狗装卸脖套以及其他装具。

　　众目睽睽之下，大福有些紧张慌乱。这是一只贵宾犬与腊肠犬的混种犬，体毛较长。像黑色拉布拉多那种短毛犬，一旦身体出现皮屑，很容易就能被发现。但如果不仔细观察，是很难发现长毛犬毛发中的皮屑的。而大福身上出现的皮屑却清晰可见。

　　毋庸置疑，心理压力是狗狗脱屑的"元凶"。被放置到高处套卸装具，而且还被众人围观，狗狗肯定是"压力山大"啊！

　　那么，心理压力为何会导致脱屑呢？其机理如下：压力→交感神经支配→立毛肌收缩→体毛立起，皮屑脱落。当然，皮肤紧张收缩也会导致角质脱落。

　　人类同样会因为压力大而致使脱屑，不过，一般都是因为压力下皮脂分泌过多或者免疫力下降而导致的。

　　梳毛时用力过猛或者洗澡所用的洗发水问题也会导致狗狗脱屑。一般来说，这种类型的脱屑都会出现局部皮肤发红的现象，而心理性脱屑则没有这样的现象。

1-08

脚掌肉球湿润

出汗是人体调节体温的重要途径。人在紧张或兴奋的时候，在交感神经的作用之下，手心会出汗。其实这个时候脚心也会出汗，只是我们一般察觉不到而已。

野生动物在与对方争斗或者逃跑的时候，脚掌不能出汗过多，亦不能完全无汗。换而言之，出汗是动物生存所需的自然反应，恰到好处的汗水是有利于作战或逃脱困境的。人类因手指太干而无法翻阅书籍的时候，一般也都会稍微蘸上点水以润湿手指。

与对方争斗或必须要逃离时，交感神经会兴奋起来，而手脚出汗正是交感神经作用的结果。与野生动物不同，我们身边的宠物们生存环境比较优越，但是心理压力也会导致它们的脚掌肉球因出汗而湿润。

无论是心理压力所致，还是体温调节所致，狗狗们一般都会在水泥地、瓷砖地以及木地板等场所留下带有汗渍的足印。如果这些足印不是在狗狗伸出舌头呼吸的时间里出现，那基本可以判断它们是有心理压力了。

1-09

恐惧　心理压力　不安　兴奋　放松

呼吸的变化

　　放松的时候，呼吸会缓慢地加深。在无意识发生的生理性机能活动之中，可以有意识地使呼吸发生变化。而且，有意识地缓慢加深呼吸可以让人身心放松。换而言之，呼吸的快慢与深浅和身心的紧张与放松有着相互影响的关系。

　　各位可以观察一下狗狗睡眠时的呼吸情况。在全身心放松的睡眠状态下，狗狗的呼吸是深沉且缓慢的。

　　与此相对，心情紧张的时候，狗狗的呼吸又浅又急促。在交感神经的作用之下，肾上腺素被释放出来，这就是呼吸发生变化的原因所在。临战态势之下，交感神经会"指挥"向身体的特定部位输送血液和氧气，为作战和逃跑做准备。这时候，不仅呼吸会加速，血压会上升，脉搏也会加快。

　　血液循环变快的话，体温自然就会上升。为了调节上升的体温，人与动物的身体都会出汗，这也是心理压力大时狗狗脚掌肉垫湿润的原因之一。"出冷汗"也是紧张时体温升高所导致的。血管收缩、肌肉僵硬的情况下，身体的大多数部位容易变冷，这是热汗变冷的主要原因。

　　总之，狗狗的呼吸状况与它们的心理状态息息相关，我们可以通过观察狗狗的呼吸来判断它们是放松的还是紧张的。

1-10

喘息

在上一节，我解释过：动物在紧张状态之下呼吸会变得急促，同时，血压会上升，脉搏跳动次数会增多，体温也会随之上升。为了调节体温，动物就会出汗。

身体表面的水分蒸发的时候，会出现汽化热。所谓汽化热，就是液体变为气体的时候所吸收的热量。汗水蒸发的时候，身体表面的热量会被"夺走"，所以体温就会下降。

人类的汗腺布满全身，炎热的时候往往会大汗淋漓。与人类不同，狗狗只能依靠舌头、口腔、鼻腔以及脚掌上的肉球来降温。

心理压力大的时候，狗狗的呼吸会变得浅而短促。在炎热的环境之下，为了调节体温，这种呼吸的强度会越来越大，最后"升级"为"喘息"。

狗狗对高温的抵抗能力的高低，与犬种、生存环境等息息相关，即便是相同犬种，它们之间也是存在个体差异的。我们家的狗狗比较能抗暑，想来应该和我不过度使用空调有关系。其中，长毛犬大福比短毛犬小铁更抗热。

各位宠主需要对自家狗狗的抗暑程度有所了解，比如何种程度的运动或者多高的气温会让它们出现喘息情况，等等。如果狗狗不是因为运动或高温而喘息的话，那就可能是心理压力所致。

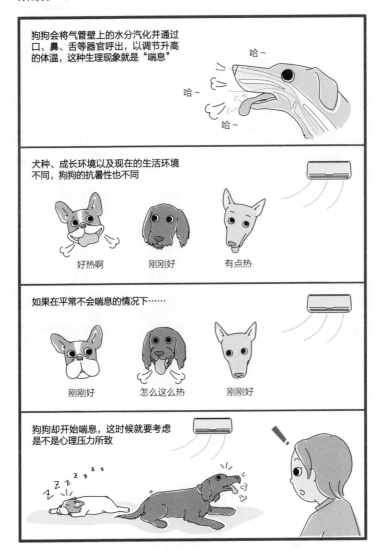

狗狗会将气管壁上的水分汽化并通过口、鼻、舌等器官呼出，以调节升高的体温，这种生理现象就是"喘息"

哈~

哈~

哈~

犬种、成长环境以及现在的生活环境不同，狗狗的抗暑性也不同

好热啊　　刚刚好　　有点热

如果在平常不会喘息的情况下……

刚刚好　　怎么这么热　　刚刚好

狗狗却开始喘息，这时候就要考虑是不是心理压力所致

1-11

流口水

俄国著名生理学家巴甫洛夫为了研究消化现象，曾经以狗狗为对象做过这样一个实验：他在给狗狗投食之前，首先以摇铃的方式向其发送信号。连续几次之后，他发现狗狗只要一听到铃声就会流口水。巴甫洛夫把狗狗这种听到铃声就会流口水的现象命名为"条件反射"，同时将狗狗见到饵食即会流口水的与生俱来的现象叫作"非条件反射"。巴甫洛夫的这一学说慢慢为世人所知，被称为"巴甫洛夫定律"或者"巴甫洛夫经典条件反射学说"。

不过，狗狗流口水的诱因并不只是食物，心理压力也会让它们"垂涎三尺"。如前所述，狗狗在有压力的时候，通常是利用喘息的方式来让口中的水分尽快蒸发。可是，当口中所分泌的水分多于蒸发的水分时，狗狗自然就会"口水长流"了。人之所以会大汗淋淋，大抵也是这个道理。

据我观察，在有心理压力的时候，狗狗在大多数场合都会嘴巴紧闭，全身紧绷。这都是交感神经作用的结果。同时，为了控制因血压上升以及心跳加速所导致的体温上升，狗狗口中所分泌的水分会增加，所以才会出现口水从嘴角溢出的情况。

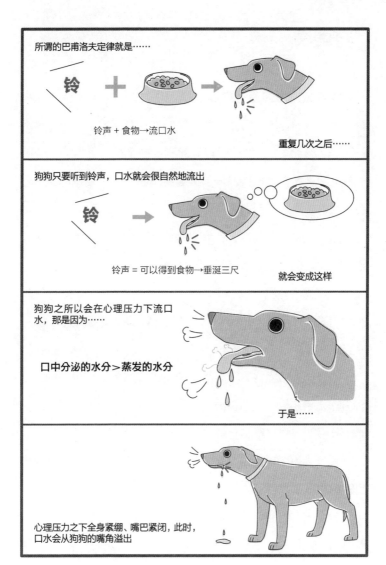

所谓的巴甫洛夫定律就是……

铃声 + 食物→流口水

重复几次之后……

狗狗只要听到铃声，口水就会很自然地流出

铃声 = 可以得到食物→垂涎三尺

就会变成这样

狗狗之所以会在心理压力下流口水，那是因为……

口中分泌的水分＞蒸发的水分

于是……

心理压力之下全身紧绷、嘴巴紧闭，此时，口水会从狗狗的嘴角溢出

打喷嚏

1-12

大家知道如何让狗狗打喷嚏吗？也许有人会说：喷嚏神器——胡椒粉。这个真用不到。将狗狗的鼻尖向上抬起（与水平线呈60度角），然后轻轻掀起狗狗的上唇。保持这个姿势一段时间之后，大多数的狗狗都会打出喷嚏。我就是用这种方法让家里的两只狗狗打喷嚏的。

想必经常给狗狗刷牙的宠主都会有这种经历：给狗狗刷前牙的时候，它们一般都会打几下喷嚏。

究其原因，鼻尖以一定角度向上倾斜时，如果嘴唇被掀起的话，鼻孔外端处的鼻涕会向鼻腔内部移动，这就是打喷嚏的诱因。

心理压力或者兴奋所导致的交感神经优先运作也是狗狗打喷嚏的原因之一。交感神经优先运作会致使鼻腔至气管范围内的水分增加，而这些水分就是诱发喷嚏的"元凶"。

我家大福就属于这种类型的狗狗。当它因玩耍而兴奋或感到轻微紧张时，就容易打喷嚏。

也有人把打喷嚏视为狗狗释放的一种"安定信号"（详见本书第54页）。打喷嚏也许真的可以减轻心理压力，或者间接地告诉对方："你不要那么兴奋哦！"

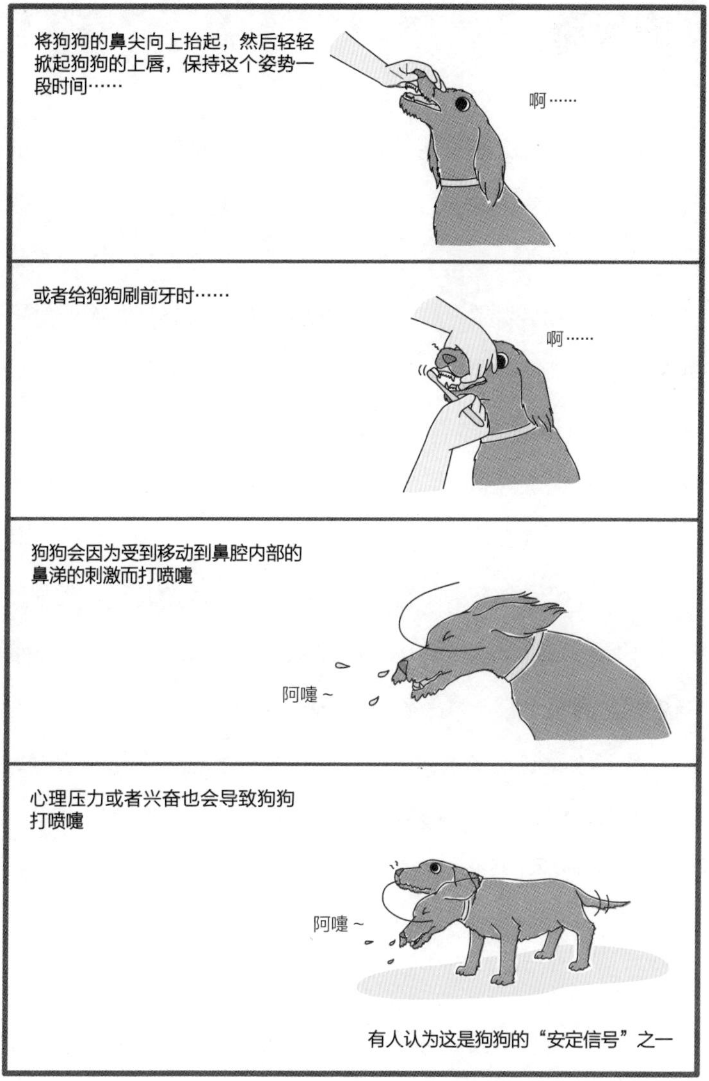

将狗狗的鼻尖向上抬起，然后轻轻掀起狗狗的上唇，保持这个姿势一段时间……

啊……

或者给狗狗刷前牙时……

啊……

狗狗会因为受到移动到鼻腔内部的鼻涕的刺激而打喷嚏

阿嚏~

心理压力或者兴奋也会导致狗狗打喷嚏

阿嚏~

有人认为这是狗狗的"安定信号"之一

1-13

流鼻涕

　　我家狗狗每次被放到就诊台上时，都会有相同的反应——流鼻涕。这也是心理压力的外显。"流鼻涕"与"打喷嚏"的前半程反应相同：心理压力→交感神经兴奋→鼻腔内水分（鼻涕）增加。鼻涕刺激鼻腔内部诱发的是"打喷嚏"，流至鼻尖并滴落的是"流鼻涕"。从另一个角度来看，轻度心理压力以及兴奋诱发的是"打喷嚏"，重度心理压力引发的则是"流鼻涕"。

　　以我家大福为例，它一般是在玩耍之后的兴奋状态下，或者是感受到轻度心理压力的时候打喷嚏。它打喷嚏的瞬间是静止不动的，可是，在即将打喷嚏时或者打完喷嚏之后，它都在动个不停，有时候还摇动尾巴。如果心理压力比较大，大福会流鼻涕。同时，它全身僵硬，尾巴还会下垂。

　　我们人类流鼻涕的时候，会用手帕或者纸巾擦拭，而狗狗则是用舌头舔舐。鼻涕较多时，它们会通过打喷嚏将其去除。

　　如果狗狗过于紧张而导致全身僵硬的话，它们就无法顺利地伸出舌头舔舐鼻涕，也无法进行打喷嚏的动作。这时候，它们就只能任鼻涕横流了。

　　总之，狗狗一般是在心理压力较大的情况下流鼻涕，希望各位宠主能及时发现它们的心理问题，并用合适的方法来化解。

狗狗是否也会患上忧郁症

第 1 章主要介绍了狗狗生理上的各种反应。其中，大部分都是可以通过外在观察到的狗狗的身体上的变化。可是，心理压力所带来的生理反应也会通过疾患表现出来，比如呕吐、腹泻。此外，心理压力过大还会致使免疫力降低，其他疾病也许也会随之而来。

心理压力是人类罹患忧郁症的主要原因。那么，像狗狗这样的动物也会患上忧郁症吗？

精神科医生加藤忠史在其所著的《动物也会忧郁吗》一书中写道：还没有确切的证据可以证明人类之外的动物也会患上忧郁。"问诊"是医生判断患者是否患上忧郁症的最好方法，可面对狗狗这样的动物，估计再高明的医生也"无计可施"。

因此，我们无法断定人类之外的动物是否会患上忧郁症。据资料所载，忧郁症会导致人类的海马体萎缩。既然如此，同样拥有海马体的狗狗、老鼠等动物应该也有可能患上忧郁症。

身体惩罚是训练狗狗时的常用方法，但这有可能会让它们陷入"习得性无助"的状态之中。这时候的狗狗貌似顺从听话，其实是一种失望和无可奈何的表现，或者可以说这就是忧郁症的一种体现。

第 **2** 章

观察狗狗的表情变化

2-01

眼睛圆睁

心理压力　恐惧　不安

　　幸福突然而至的时候，我们会因为这份惊喜而睁大眼睛。

　　同样的情况之下，狗狗却没有这种反应。反而是在危险突然来临而极度不安的时候，也就是当它们感受到精神压力时，狗狗会睁圆眼睛以示内心的惊恐。

　　人类的眼睛由眼黑和眼白构成，在自然状态之下并不是圆形的，而所谓的"圆睁"，其实是看起来接近圆形。

　　但狗狗的眼睛本来就很圆，所以用"眼睛圆睁"来形容它们睁大眼睛的样子其实并不太确切。

　　那么，狗狗在睁大眼睛时是什么样子呢？通常，它们在眼睛"圆睁"的时候就像眼珠要冒出来一样。同时，本来被隐藏在黑眼珠周边的眼白也显露出来了。

　　也就是说，狗狗因为睁大眼睛而露出一圈眼白，同时眼珠外凸，这才是狗狗"眼睛圆睁"的真正样子。如果狗狗的眼睛呈现出这种状态，那就说明它有心理压力了。

露出眼白

2-02

　　在上一节，我提到了狗狗在受到惊吓以及心理压力大的情况下会露出眼珠四周的一圈眼白。其实，在一些其他情况下，狗狗也会向我们"翻白眼"。

　　像狗狗这类哺乳动物的"黑眼珠"占眼眶的比例很大，自然状态下几乎看不到眼白。一般来说，人类之外的动物们不会和同类进行目光上的交流。虽然与人类同一祖先的黑猩猩可以和对方进行一定程度的视线交流，但它们的眼白所占眼眶的比例还是和人类有区别的。由此可见，人类的眼白多是互相交流过程中进化的结果。在眼白的"衬托"之下，视线的方向变得比较明确，从而让眼神的交流成为可能。正因为如此，人们可以在脑袋不动的情况下"使眼色"，使交流方式变得多样化。

　　狗狗在自然状态下，眼睛会看向正前方（鼻头正对的方向）的目标物，不过即使对正前方的物体有兴趣，若是旁边还有其他在意的对象时，就会斜眼看过去。还有一种情形，就是狗狗想要避开对方的视线，虽然鼻头朝着对方，却把视线移开看向一旁。或者是狗狗为了避开对方的视线而把鼻头朝向别的方向，但因为很在意对方，于是斜眼确认对方的动作。

　　狗狗露出眼白，大多是为了守住什么或得到什么。也就是

说，当狗狗不想喜欢的东西被抢走的时候，或者害怕或讨厌的
对象靠近的时候，狗狗会做出这种表情。

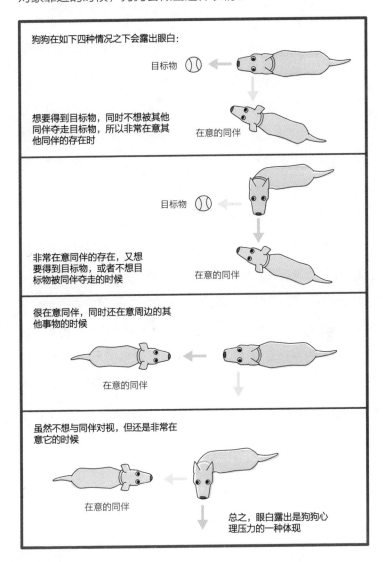

2-03

转移视线

心理压力　安定信号
不安　恐惧

　　"目不转睛"是喜欢对方，或者对某种事物感兴趣时的一种表现。两情相悦的时候，我们往往会"相看两不厌"。

　　同样，狗狗与宠主的温情对视也是他们之间关系和谐的写照。可是，当两者之间还没有建立这种友好关系的时候，"盯视"对方也许会被理解为是一种"挑衅"。试想一下，在繁华的马路上，如果你目不转睛地盯着某个陌生人的话，会不会惹恼对方呢？要是双方早就有过节的话，那更是会引发一场"战争"。

　　"转移视线"可以说是向对方传递这样一种信息：我不是在瞪你。而狗狗转移视线则是提出这种诉求：我没有关注你，你也别看我了，你盯着我看让我"压力山大"啊！

　　人类与狗狗的关系一直都是"支配与被支配"的关系。有时，人们为了让狗狗服从自己，会以"恶狠狠"的目光威吓它们。其实，狗狗始终都是人类最忠实的朋友，我们应该善待它们。所以，我们要好好经营与狗狗之间的友好关系，除了特殊情况之外，绝对不要用凶狠的目光去吓唬它们。

向上翻眼

不安　放松　恐惧　心理压力

狗狗在害怕对方的时候，会压低头部示弱。另外，它们心虚的时候，是不会与对方对视的。可是，如果它们内心怀有欣喜之情并且想尝试着与对方交流的时候，就会向上翻眼，流露出那种"弱弱的"小眼神。

在教狗狗"坐下"的时候，我会以"美食"诱导它们坐下来，并在狗狗完成动作后给予食物作为奖励。这种训练方法应用了"动物对于会引发好结果的行为，会增加该行为的发生频率"这个观点。另一方面，也有人利用"动物对于会让讨厌的事物消失的行为，会增加该行为的发生频率"的观点，来训练狗狗。训练时，给狗狗戴上特殊的脖套——它们如果不按指令做，被拉起的脖套就会变紧。狗狗为了摆脱困境会努力做各种尝试。在这种"强化"训练之下，狗狗自然而然就知道按照主人的指令做了。对于狗狗来说，第二种训练方法让主人变成了一个它们既爱又恨的存在。既要讨好他们，又害怕他们再"凶"自己——这时候，狗狗会用上翻眼睛的方式看着主人。

当然，并不能把狗狗向上翻眼的动作完全归结为心理压力。有时，狗狗趴伏之后将下颌贴在地板上，然后用翻眼的方式望着你。这是一种"放松"的信号，好像在和你说："我躺在这儿很舒服,您有什么事吗?"

学习的四种模式

①对自身有利的事情发生之后，某种特定行为的发生频率会增高。

②对自身不利的事情不再发生的话，某种特定行为的发生频率会增高。

③对自身不利的事情发生之后，某种特定行为的发生频率会降低。

④对自身有利的事情不再发生的话，某种特定行为的发生频率会降低。

了解这四种学习模式，对于读懂狗狗的行为举止以及训练方面都会有帮助。

比如，我们想要训练狗狗去做一种新的动作，只要让它们知道听话就会有好处，狗狗就会"乖乖"地开始学习了。当然，最好的"诱饵"肯定是美食。

从理论上来说，也可以通过去除对狗狗不利的事物来提高狗狗训练的积极性。但是，这种方法有时可能会"弄巧成拙"，反而让狗狗压力倍增，所以各位宠主还是不要贸然尝试。

狗狗在第二种学习模式下会学到很多不该学的东西。"胡乱吠叫""攻击对方"等问题大多数都是在这种模式下出现的。

第三种学习模式虽然也能让狗狗做"坏事"的频率降低，

可实行起来非常难，实际操作后的效果也不太理想。更何况这种模式还会增加狗狗的心理压力，会让狗狗的逃避、攻击、消极等问题变得益发严重。

　　如果不做某事是有利情况出现的要因，那就必须提供这种有利条件；如果是不利情况消失的要因，那就要让狗狗习惯它们"讨厌的事物"（详见本书第 150 页）。慢慢地，如果不再讨厌自己"讨厌的事物"，那就没有必要使其消失了，这样狗狗的一些"坏习惯"就会逐渐减少。

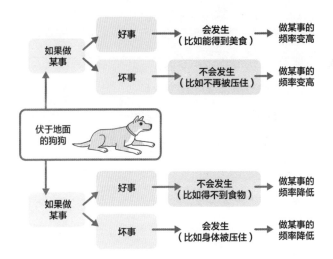

2-05

目光锁定前方目标

　　有时，狗狗会将目光锁定某一个目标。它们为什么会这么做呢？原因有以下四点：

　　1 被对方深深吸引（比如能够和自己好好"玩耍"的小伙伴、美食以及散发香味的物体）。

　　2 袭击对方的前兆——捕捉猎物或者驱逐敌方。前者似乎与家养的狗狗没什么关系，不过有时候会发现狗狗在扑向玩具前一直盯着玩具，这就与捕捉猎物的行为有些相似。后者在家养狗狗身上经常能看到，类似人类怒目而视或者挑衅的眼神。

　　3 集中注意力去听辨声音（狗狗的听觉非常灵敏，能感知到人类无法感知的频率以及音压，当它们只听到声音而没有接收到视觉方面的信息时，就会一直好奇地盯着声音的来源方向）。

　　4 长期以来的巨大心理压力所致。我到目前为止还未见过狗狗因长期巨大的心理压力而导致异常行为，只在一本关于狗狗精神压力的外国图书上，看到过狗狗一直盯着墙上钉子的插图。在漫画以及影视剧中，常有这样的情节：为了确认某个精神受到强烈刺激的人的精神状态是否正常，会在其面前来回摆动手掌，而这个人往往眼神空洞地盯着一个地方。我想，上面两种情况是类似的。

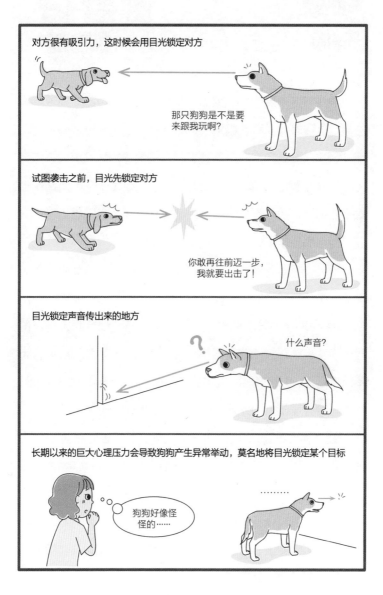

2-06

眯眼

放松　安定信号　不安　心情好　心理压力

　　很多宠主一说起自己家的狗狗，经常会眯着眼睛谈论狗狗的事，这种时候"眯着眼睛"，是一种看起来很愉快的表情。不过，我还没见狗狗做过这种看起来很愉快的眯眼表情。狗狗笑的时候嘴角也会微微向后上方扬起，不过由于狗狗眼睛的形状接近圆形，所以不太容易看出变化。其实，在下面三种情况下，狗狗也会眯眼睛。

　　1 光线较强的时候。强烈的光线不仅使狗狗虹膜变大、瞳孔变小，为了降低射入虹膜的光线强度，狗狗还会眯眼睛。

　　2 心理压力较大的时候。觉得对方有可能会攻击自己的时候，狗狗往往会用眯眼睛的方式向其示弱："我没看你，也不想伤害你，求你也别总是用那种眼神看我。"这时候，"眯眼"既是一种心理压力的外显，也是传递给对方的一种"安定信号"。

　　3 好心情的表现。心情好的时候，眼皮发沉的狗狗会有种"昏昏欲睡"的愉悦之感，"眯眼"的状态也就自然而然出现了。有人认为狗狗会像人一样眯眼笑，其实这是一种误读。还有人曾经发过所谓的狗狗"眯眼笑"的照片，从狗狗不自然的表情就可以看出，那是它们在被迫的情况下所露出的"假笑"，实则是心理压力的表现。

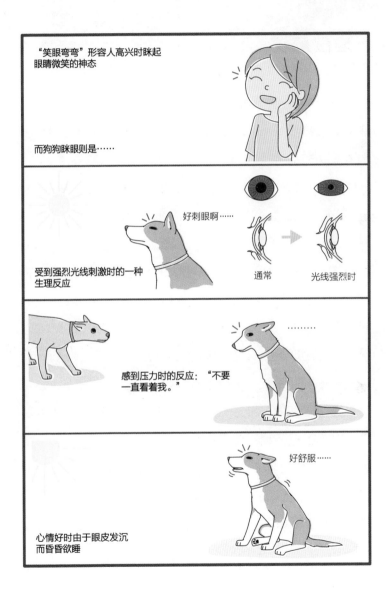

"笑眼弯弯"形容人高兴时眯起眼睛微笑的神态

而狗狗眯眼则是……

好刺眼啊……

受到强烈光线刺激时的一种生理反应

通常　　光线强烈时

感到压力时的反应："不要一直看着我。"

好舒服……

心情好时由于眼皮发沉而昏昏欲睡

狗语大辞典

心情好

轻松

睡意蒙眬

　　就像人类被喜欢的人抚摸时，会觉得很愉快一样，狗狗也非常享受来自主人的爱抚。如果主人能用温柔的方式轻轻按压狗狗穴位的话，它们会感觉更舒服。在课堂上，我曾经提供了一些如何抚摸狗狗的建议，例如抚摸的手法与部位。那么，大家知道被抚摸之后的狗狗会有什么样的表现吗？

　　1 身体变软。狗狗紧张时，在交感神经的作用之下，它们的身体会变得僵直。相反，处于放松状态下的狗狗在副交感神经的作用之下，身体会变软。主人的爱抚越"到位"，它们越舒服。

　　2 主动靠近主人。主人只要将手伸出，狗狗马上就会靠近，让人抚摸它的面颊、肩胛骨等部位。

　　3 眯起双眼。和上一节提到的情况差不多，受到主人爱抚的狗狗会眯起双眼，享受其中。

　　总之，狗狗非常希望得到主人的爱抚，并且会在此过程中美美地睡上一觉。这是完全信赖主人、身心放松的一种表现。

　　各位读者觉得怎么样呢？当抚摸自家狗狗时，它们有没有表现出昏昏欲睡的样子呢？

2-08

频繁眨眼

人的紧张心理完全可以从其言行举止窥出。有一位名人在电视上向国民致歉的时候，紧张得频繁眨眼，沉稳风范全无。

人紧张的时候确实会频繁眨眼。当然，也有人是习惯性眨眼，而压力大的时候更甚。人如此，狗狗也不例外。宠物商店里经常会上演这样一幕：幼犬被领养人抱在怀中，它们移开视线，而且还会紧张地不停眨眼睛。有些狗狗则会在相机镜头靠近它们的时候，出现不停眨眼的反应。

眨眼、转移视线、眯眼——有这些表现时，狗狗是向对方发出这样一种诉求：不要关注我，我害怕！作为心理压力过大的一种外显，频繁眨眼还经常与身体僵硬、尾巴下垂、转移视线等行为相随相伴。

同时，眨眼也是在告诉对方，自己对其毫无敌意。发动攻击之前狗狗是不会眨眼的，因为狗狗要时刻保持戒备，以防遭到对方的攻击。如果对方是自己早就盯上的"猎物"，为了防止"煮熟的鸭子飞了"，狗狗也不会眨眼。从这个意义上来说，"眨眼"也是一种安定信号。

2-09

舔鼻尖

狗狗舔鼻尖的原因大致有两个：**1** 为了润湿鼻尖；**2** 为了去除鼻涕。

狗狗润湿鼻尖的原因很多，比如为了更容易吸着"气味分子"，为了感知风向，为了调节体温，等等。其中，调节体温的功能类似于流汗，当狗狗因为运动体温上升时，鼻腔内的分泌液会增加数十倍之多。

有时，狗狗即便不舔鼻尖，鼻腔内的分泌液以及泪管流出的眼泪也会将鼻尖润湿。但如果鼻涕过多，还是需要用舌头将其去除。

如前所述，狗狗鼻涕过多是心理压力下交感神经作用所致。所以，舔鼻尖有时也是心理压力较大的一种体现。

此外，舔鼻尖的时候舌头必须伸出嘴巴，而舌头伸出嘴巴的动作，其实是在向对方传达自己并没有敌意。

众所周知，狗狗是用牙齿来攻击对方的，而吐舌头时狗狗是无法完成咬噬动作的。因此，狗狗伸出舌头舔鼻尖还有另外一层含义——告诉对方："我对你没有敌意，所以你也不要伤害我。"由此看来，"舔鼻尖"也属于安定信号的一种。

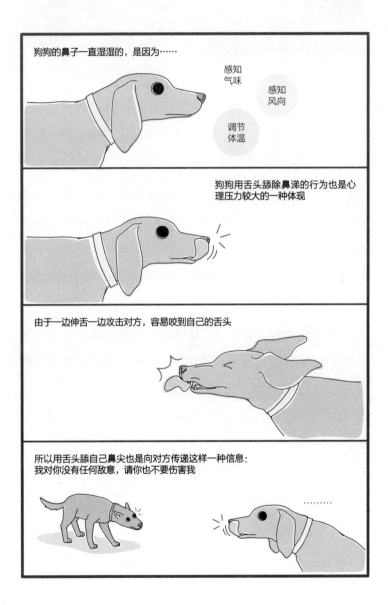

狗狗的鼻子一直湿湿的，是因为……

感知气味

感知风向

调节体温

狗狗用舌头舔除鼻涕的行为也是心理压力较大的一种体现

由于一边伸舌一边攻击对方，容易咬到自己的舌头

所以用舌头舔自己鼻尖也是向对方传递这样一种信息：我对你没有任何敌意，请你也不要伤害我

………

2-10

伸出舌头来回舔

　　如前所述，狗狗把舌头伸出嘴巴也是安定信号之一，它们用这种方式告诉对方自己并没有"攻击性"。只是，以狗狗的大脑功能而言，它们并不是有意为之，而是经历某件事情之后产生的行为的持久变化。

　　狗狗的学习过程，是凭借自身经验，来决定应该增加或减少做某些行为的频率。狗狗会增加行为频率的模式有两种：一种是采取某种行为后会有好事发生，另一种是采取某种行为后会让讨厌的事消失。

　　狗狗偶然一次的"伸舌"让自己与对方的紧张关系得以缓解，并且相同的行为第二次也有同样效果的话，那这种经验就会使狗狗的伸舌习惯"成自然"。有人强调说狗狗天生就会释放"安定信号"，并且由于环境的不同，有的会一直保持这项技能，有的则会完全忘掉。对此我持反对意见。我认为，"安定信号"是狗狗凭借经验而"学习"到的。

　　那么，狗狗究竟什么时候会偶然地伸出舌头呢？我将在下一节为大家揭晓答案。

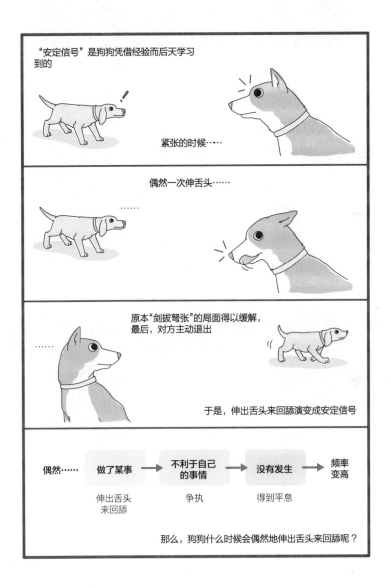

"安定信号"是狗狗凭借经验而后天学习到的

紧张的时候……

偶然一次伸舌头……

原本"剑拔弩张"的局面得以缓解，最后，对方主动退出

于是，伸出舌头来回舔演变成安定信号

偶然…… 做了某事 → 不利于自己的事情 → 没有发生 → 频率变高

伸出舌头来回舔   争执   得到平息

那么，狗狗什么时候会偶然地伸出舌头来回舔呢？

舔嘴唇

首先回答一下上一节所提出的问题。

雌性狗狗在生育之后，会经常用舌头舔舐自己的孩子。刚出生的小狗第二周之后才能看见东西，在这之前它们既无法行走，也不能自己排泄。这就需要狗妈妈用舔舐的方式促进它们排泄。之后，狗妈妈还需要将它们的排泄物全部吃掉。

另外，狗宝宝刚出生的时候也会经常伸出小舌头来探寻妈妈的乳头。从出生之后的第三周开始，幼犬的牙齿会逐渐长出来，而它们的小牙会弄痛狗妈妈的乳头。这时，如果小狗吐下舌头，狗妈妈马上就会怒火全消。

断奶之后，小狗狗们不再每天赖在妈妈身边，它们会三三两两聚在一起打打闹闹。与兄弟姐妹在一起玩耍时，它们有时候会用小嫩牙去轻轻撕咬对方。这种游戏升级为"斗殴"的时候，只要有一方伸出舌头，紧张局势马上就会得到缓解。

由此可见，与对方关系比较紧张的情况下，狗狗一般会吐一下它的舌头。

心理压力变大，狗狗口中的水分会增加，汇集在嘴角处。为了不让口水流出，狗狗会用舌头将其卷入口中。久而久之，这种情况下的伸舌舔唇也成为缓和紧张的一种"安定信号"了。

狗狗在什么时候会偶然地伸出舌头呢?

尚未断奶的狗宝宝伸出舌头探寻
妈妈乳头的时候

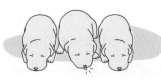

不小心咬到乳房惹怒狗
妈妈的时候

小狗嬉戏升级为"打
架"的时候

由于紧张而过多分泌的口水汇集
在嘴角的时候

经历这些事情之后,狗狗伸舌舔唇
的行为慢慢就成了"安定信号"

安定信号

现今，"安定信号"一词已经逐渐为人们所熟悉，我们可以从各类书籍以及网络上找到很多相关信息。

我是在1994年首次接触到这个专有词汇的。当时，网络尚未普及，书店里也看不到此类专业书籍。那一年，我参加了日本动物医院福祉协会（JAHA）举办的家庭犬类训练讲座，培训资料上出现的"挪威式安定暗号"一词让我印象深刻。其实，这个词汇就是"安定信号"的前身，命名者蒂丽德·卢卡斯（Turid Rugaas）女士是挪威人，所以最初的时候才有"挪威式"这样的表达。

那本培训资料上蒂丽德·卢卡斯这样写道："狗狗在恐惧或者心理压力较大的时候，会努力让自己镇静下来，并且有能力将一些特殊信息传递给对方，以避免与对方发生不必要的冲突。具体来说，'挪威式安定暗号'包括以下行为：慢走、曲线前行、嗅地面、坐下、趴下、眨眼、转移视线、转身、打哈欠等等。"几年之后，"挪威式安定暗号"被改称为"安定信号"，并慢慢普及开来。令人遗憾的是，现今的大部分资料上只是简单地罗列出一些代表性的"安定信号"，而没有介绍其主要功能以及形成过程，本书将填补这一空白。

如前所述，狗狗偶然的行为不会使自己"受害"或者会为自己带来"好处"的时候，这种行为慢慢地就会成为"安定信号"。虽然有些能力是与生俱来的，但后天的学习也不可缺。只有掌握如何释放"安定信号"这一技能，狗狗们才能在幼犬时期与一母同胞的"兄弟姐妹"和谐相处，进入社会之后也可以在与其他狗狗接触过程之中"安身立命"。

2-12

龇牙

生气
恐惧

狗狗最强大的武器当属它们的上牙。不过，它们也懂得"好钢用在刀刃上"的道理，一般是不会胡乱"出牙"的。与人类一样，动物也会将"资源价值"（能够获得的物品的价值、不想失去的物品的价值）与"成本"（为了获得某个物品而付出的劳力、守护某个物品而付出的劳力）做比较。如果"资源价值"小于"成本"，那么它们是不会贸然去做的。

当然，它们的行为并不完全都是由资源价值与成本的关系所决定的。狗狗也有"风险（如受伤、丧命）意识"，有时，即便是资源价值大于成本，它们也会"谨言慎行"。

狗狗往往"懂得"控制成本、回避风险。狗狗在撕咬对方之前，会先用眼神进行震慑。对方被吓退的话，成本以及风险都降到最低。在"怒视"不能发挥效果的情况下，它们还有一招——低声嘶吼。如果这一招还不灵，狗狗就会掀起上唇、亮出犬齿。

怒视、嘶吼、露出犬齿——狗狗用这些方式对对方进行警告。警告无效的话，一场撕咬就在所难免了。

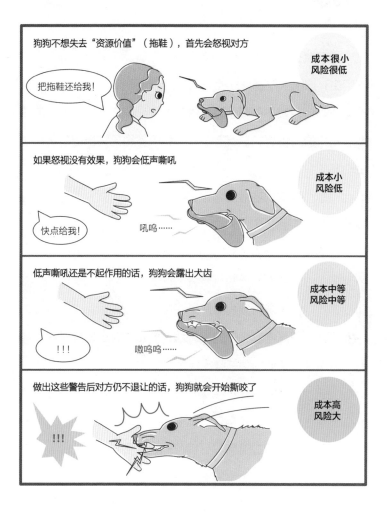

2-13

卷唇

兴奋

其他

为了龇牙吓唬对方，狗狗会卷起上唇。这样的表情大家并不陌生，原始人就经常以此表情示人。

争斗场面较多的漫画以及影视剧里，经常能看到做此表情威吓对方的人物登场。事实上，原始人类也是将自己的牙齿当成武器的。

也有少数狗狗卷唇并不是为了龇牙恐吓对方，而是"裂唇嗅反应"。

很多哺乳类动物的鼻腔内都长有犁鼻器（人类的犁鼻器已经退化），这是用来感知气味分子的器官。它们的鼻腔与口腔相连，所以嗅气味时需要将嘴唇卷起。这方面最具有代表性的动物是马，马儿卷唇之后露出牙龈"笑意吟吟"的样子很是讨喜，其实那是它们的裂唇嗅反应。

狗狗虽然也会有这种裂唇嗅反应，但数量不多。有些训练师们直接将其解释为狗狗在"欢笑"，实则不然。主人回家时狗狗之所以会"绽放笑容"，很可能是它们卷起嘴唇在嗅气味分子。加上宠主看到这种表情通常会夸赞狗狗，根据狗狗的学习模式，之后主人回家时，狗狗会经常做这种卷起上唇、露出牙龈的表情。

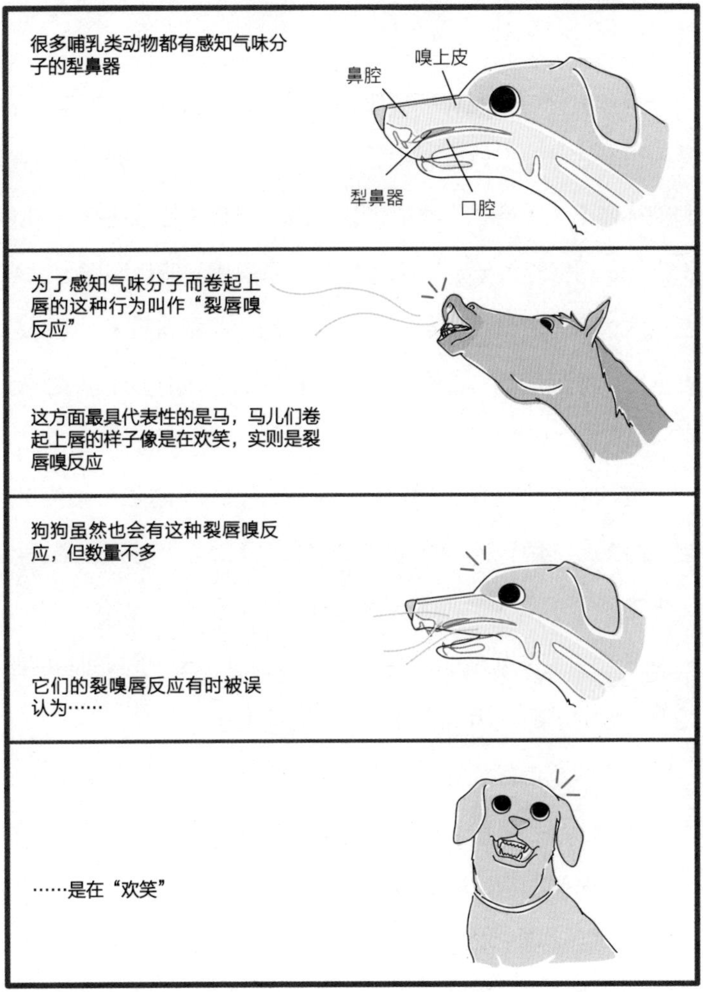

很多哺乳类动物都有感知气味分子的犁鼻器

鼻腔　嗅上皮

犁鼻器　口腔

为了感知气味分子而卷起上唇的这种行为叫作"裂唇嗅反应"

这方面最具代表性的是马，马儿们卷起上唇的样子像是在欢笑，实则是裂唇嗅反应

狗狗虽然也会有这种裂唇嗅反应，但数量不多

它们的裂嗅唇反应有时被误认为……

……是在"欢笑"

露出下颌犬牙

提到犬牙，大家可能一般都会想到狗狗的上牙。其实，下牙中也有犬牙。在解剖学中，上面的犬牙叫上颌犬牙，下面的则被称作下颌犬牙。人类的犬牙是从门牙起往左或往右数的第3颗，而狗狗的犬牙则是第4颗。换了恒齿的成年狗狗，上下左右两边各有3颗前门牙，犬牙后方各有4颗前臼齿，上边左右各有两颗后臼齿，下边左右各3颗后臼齿，上下加起来共有42颗牙齿（人类的牙齿包括智齿在内共有32颗）。

狗狗的乳牙共有28颗，乳牙在出生后3周左右开始生长，出生两个月之后长齐。恒齿是在出生之后3~4个月开始生长，出生之后7~8个月，所有牙齿都成为恒齿了。

牙齿的生长顺序是：下颌门牙→上颌门牙→下颌的前后臼齿→上颌的前后臼齿→下颌犬牙→上颌犬牙。

狗狗露出上颌犬牙是为了警告对方，或者是裂唇嗅行为。

露出上颌犬牙的时候，狗狗的嘴是半开半合的，而露出下颌犬牙的时候，它们的嘴肯定是张开的。

狗狗为了调节体温，也会将嘴巴张开，但多数情况下舌头也要吐出来，所以下颌犬牙就被遮上了。

狗狗微笑的时候下颌犬牙露得最明显，那时候的眼神也是

"温顺可亲"的。由此可见，狗狗一般都是在放松、高兴的时候露出下颌犬牙。

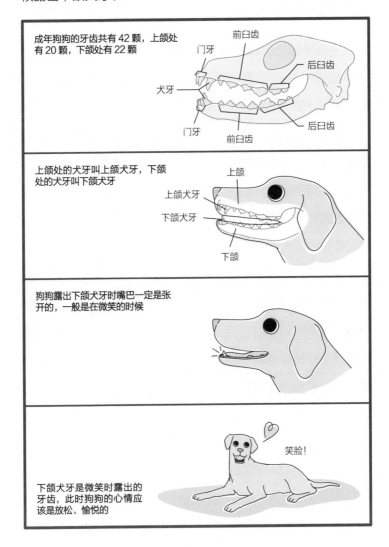

成年狗狗的牙齿共有42颗，上颌处有20颗，下颌处有22颗

前臼齿

门牙

后臼齿

犬牙

门牙　前臼齿　后臼齿

上颌处的犬牙叫上颌犬牙，下颌处的犬牙叫下颌犬牙

上颌

上颌犬牙

下颌犬牙

下颌

狗狗露出下颌犬牙时嘴巴一定是张开的，一般是在微笑的时候

笑脸！

下颌犬牙是微笑时露出的牙齿，此时狗狗的心情应该是放松、愉悦的

2-15

放松

高兴

轻轻张嘴

　　狗狗张嘴以及闭嘴也与其心情息息相关——轻轻张嘴是它们心情放松的体现；嘴巴闭得严严实实，则说明它们注意力比较集中，或者心中有压力，烦躁不安。

　　在我的培训班里，为了让宠主与狗狗建立信赖关系，我会建议他们对狗狗做这样的训练：首先，发出指令让狗狗做出伏下身子等待的姿势；然后，走到离狗狗大约3米的地方，在那个地方短暂停留一会儿后，返回狗狗所趴伏的地方，并奖赏给它们食物。

　　在之后的训练中，宠主可以逐渐拉大与狗狗的距离。因为主人一直都在视野之中，即使主人走得再远，狗狗也会慢慢习惯这种训练的。

　　在下一阶段，宠主可以突然藏在门后或者沙发后面。这时候，狗狗会紧张地闭上嘴巴。而当宠主返回它们身边的时候，它们又会张开嘴巴。由此可见，心理压力是狗狗嘴巴闭合与张开的要因之一。

　　另外，我们还可以通过观察此时狗狗是否伴有喘息或者是否露出下牙来判断它们的心理状态。如果狗狗眼神温和、露出下排牙齿、嘴角向后方提起时，表明狗狗正处在放松状态下。

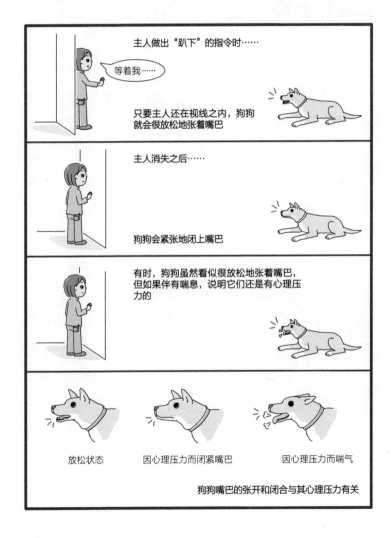

嘴角上扬

　　我有一位当兽医的朋友，他的人生经历很是丰富：大学时代做的是鲸鱼研究，曾经连续几个月坐着捕鲸船在南冰洋上漂泊；毕业之后先是在日本赛马协会为马治病，后来在学长的邀请下，开设了宠物诊所。

　　他认为哺乳动物之间的病症都是相通的，所以他之前的经历并不是毫无用处。他说："鲸鱼研究、医治病马等工作看似与现在的宠物诊治相差较大，但事实并非如此。哺乳动物之间确实有细微的差别，但从整体来看，相似点还是很多的。

　　我的专业是狗狗研究。狗狗有尾巴、无锁骨、耳朵会动、会舔鼻子……从这些方面来看，人类与狗狗确实有很多不同，但事实上也有相似之处。

　　狗狗跟人一样有表情肌，所以它们"笑"起来的样子和人很相像——眼神温和，嘴巴微微张开，嘴角上扬。特别是嘴角上扬的时候，有的狗狗脸颊部分会皱起，一看到它们隆起的皮肤就知道它们在笑。

　　有一次，我看到一张法国斗牛犬正在"微笑"的照片，那种神态简直和人的笑容一模一样。正因为狗狗和人类有着相同的表情肌，所以才会有这种相似的表情吧。

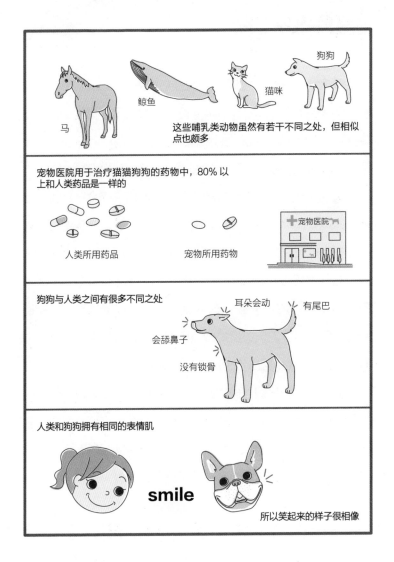

狗狗

鲸鱼

猫咪

马

这些哺乳类动物虽然有若干不同之处，但相似点也颇多

宠物医院用于治疗猫猫狗狗的药物中，80%以上和人类药品是一样的

人类所用药品

宠物所用药物

十 宠物医院

狗狗与人类之间有很多不同之处

耳朵会动

有尾巴

会舔鼻子

没有锁骨

人类和狗狗拥有相同的表情肌

smile

所以笑起来的样子很相像

65

2-17

耳朵后转

很多食草动物都能将耳朵完全反转过去。可以说，耳朵就像预知危险的雷达，能帮助它们转危为安。我们常常能看到这样一种画面：食草动物们在草地上低头啃食，但耳朵忽而直立，忽而反转。这种机警的性格让它们在地球上一代一代地繁衍生息。

动物所能听到的声音频率范围各有不同，而食草动物对捕食者的声音频率的敏感度是与生俱来的。当然，捕食者对猎物的声音频率敏感度也是如此。猫与狗能听到的声音频率范围不同，猫能够听见频率高达 60000 赫兹的声音，狗能听见频率高达 45000 赫兹的声音。这种差别早在它们祖先那一辈就已经存在了，因为它们的猎物体积不同，猎物体积越小，猎物的叫声以及活动时所发出的声音频率就越高。

那么，狗狗是如何操控自己的耳朵的呢？狗狗耳朵的转动范围不如食草动物大，并不能完全反转过去。它们一般是在对周围事物持有戒备心以及有心理压力的时候转动耳朵。

狗狗可以靠视觉和嗅觉来感知信息。在鼻尖没有必要动的时候，它们是靠耳朵来"观察"周围情况的。

我家小铁在不安状况下，听到我的指令耳朵就动个不停，虽然视线朝向我，可始终不忘用耳朵探测周围是否有危险元素。

也有一些狗狗的耳朵一直耷拉在脑袋上，但是因为很难感知到周围的危险，而且不易发现猎物，野生的犬类中已经不存在这种狗狗了。

动物耳朵的转动范围以及能听到的声音频率范围各不相同

食草动物　　　　　　　　食肉动物

为了能更好地感知周围潜在的危险，很多食草动物的耳朵都可以完全反转过去

狗狗的耳朵并不能完全反转过去

狗狗靠视觉和听觉来收集信息

心理压力之下，它们的耳朵会动个不停

警戒　不安　心理压力

耳朵向后平贴

我们抚摸狗狗头部的时候，它们一般都会把耳朵向后平贴。这应该是内心恐惧的一种表现。如果我们被人轻抚头部，一般会将这种动作理解为对自己的喜爱或夸赞。但是，这种想法也是随着人生阅历的不断丰富而后天形成的，并不是与生俱来的。

那么，狗狗又是一种什么样的情形呢？

狗狗在来到人类身边之前，就像一张白纸，无法用自己的体悟与人类进行交流。即便是被宠主领到家里，也未必有很多被主人抚摸头部的机会。所以，它们不会像人类的孩子一样觉得被摸头就是受宠或者被夸奖。

那么话说回来，狗狗为什么在畏惧对方的时候会把耳朵向后平贴呢？其实，它们是想保护自己的耳朵，以避免自己身上的"雷达"可能受到更大的伤害。简而言之，狗狗是害怕自己的耳朵被咬掉才将它们藏起来的。演变到后来，即使实际上并不觉得耳朵会被对方咬掉，但因为心理上根深蒂固的习惯，还是会做出这种保护耳朵的反应。

各位宠主可以试着摸一摸自家爱犬的头部，如果它们没有把耳朵向后平贴，那就说明对你非常信赖，反之则是害怕你、不信任你的一种体现。

小孩子被别人摸头后之所以感到高兴，是因为之前在这种情况下有过被夸奖的经历

已经做得很好了。

和小孩子相比，狗狗很少有这样的机会

真棒！

摸狗狗头部的时候，如果它们没有藏起耳朵，说明你是被信赖的

反之则表明它们戒备你、不信任你

我得保护好我重要的耳朵！

动物行动的四个为什么

1973 年，3 名动物学家共同获得了诺贝尔生理学或医学奖，他们分别是卡尔·冯·弗里希（Karl Ritter von Frisch，德国动物学家）、康拉德·劳伦茨（Konrad Lorenz，奥地利动物学家）、尼古拉斯·廷伯根（Nikolaas Tinbergen，荷兰裔英国动物学家）。其中，尼古拉斯·廷伯根提出，应该从以下 4 个角度对动物的行为进行分析：近似要因、根本要因、发育要因、演化系统要因。

比如，解答遇到紧急事态时狗狗垂下耳朵的原因，"近似要因"告诉我们，这是某种生理机能直接引起的行为；"根本要因"告诉我们，这种行为具有何种演化意义，它们是如何逐渐适应周围环境的；"发育要因"告诉我们，这种行为在个体成长以及发育过程中是如何形成的；"演化系统要因"告诉我们，现在动物们的行为是如何从其祖先那一代演化而来的。

本书正是从上述 4 个角度来分析狗狗各种行为的，希望能在养宠育宠方面对大家有所帮助。

第 3 章
观察狗狗的动作

3-01

尾巴上扬

注意力集中　高兴

威吓/警告　警戒

从狗狗尾巴的摆放位置我们可以在一定程度上窥得其心理状态。

首先，我们要了解正常状态下自家狗狗的尾巴是在什么位置。如果是充分社会化的狗狗，可以观察它们平时散步时的尾巴姿态。犬种不同，情况是不同的。以我家的狗狗为例，大福的尾巴是笔直立起，小铁的尾巴是在水平线上下 15 度的范围内摇动。

如果狗狗尾巴的位置高于正常状态，说明它们有了新发现：或是心中狂喜——这时的狗狗没有攻击性；或是有所戒备——这时的狗狗随时都可能发起攻击。

另外，我们还可以通过它们的耳朵、眼神、嘴巴、尾巴是否摇动、尾巴的摇动方式、尾巴摇动前后的具体情况来判断狗狗的心理状态，并不能简单地认为尾巴上扬就是狗狗内心喜悦的表现。

狗狗的尾巴越短，我们就越难读取它们的心理状态（有些狗狗天生尾巴短，有些狗狗则是小的时候被人为剪短的）。这就需要宠主掌握从狗狗身体的其他部位来获得信息的能力。

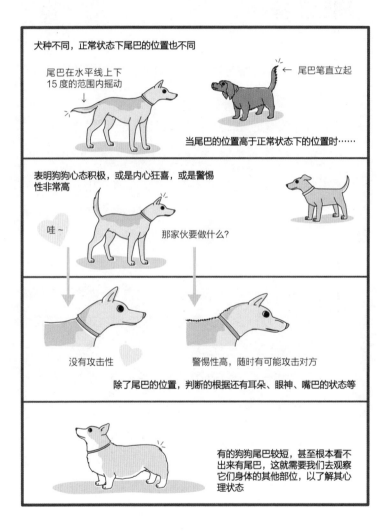

犬种不同，正常状态下尾巴的位置也不同

尾巴在水平线上下
15 度的范围内摇动

← 尾巴笔直立起

当尾巴的位置高于正常状态下的位置时……

表明狗狗心态积极，或是内心狂喜，或是警惕
性非常高

哇～

那家伙要做什么？

没有攻击性

警惕性高，随时有可能攻击对方

除了尾巴的位置，判断的根据还有耳朵、眼神、嘴巴的状态等

有的狗狗尾巴较短，甚至根本看不
出来有尾巴，这就需要我们去观察
它们身体的其他部位，以了解其心
理状态

3-02
尾巴下垂

上一节已经说了狗狗尾巴上扬代表的含义，那么狗狗尾巴下垂又代表什么呢？

戒备心强或者不安的时候，狗狗的尾巴一般是垂下来的。进一步来说，我们可以从狗狗的这种状态中读出以下两种信息：你不要追我，否则我会咬你的；我好怕，我不会攻击你的。这时候，我们很难根据狗狗的尾巴来判断它们是否有攻击性。不过，通过观察耳朵、眼神、嘴巴以及出现这种状态前后的状况，还是可以看出一些端倪的。

有时，狗狗还会将尾巴夹在两条后腿之间，甚至完全贴在肚皮上。这种变化在狗狗的恐惧程度越高，或是越要强烈表达自己完全没有攻击意愿时，会越明显。

此外，狗狗把尾巴夹在两腿之间，甚至进一步把尾巴贴在肚皮上，这种动作是有其意义的。类似于把耳朵向后平贴，狗狗是为了应对可能发生的危险，把尾巴藏起来。虽然给人一种所谓"夹着尾巴逃跑"的感觉，但实际上这是狗狗为了不让尾巴被咬住而采取的一种逃跑姿态。

也有人认为狗狗将尾巴夹在两腿之间是为了保护阴部——阴部不受伤害才可以传宗接代，即便牺牲自己的尾巴也不足惜。

　　总而言之，狗狗垂下尾巴是一种胆怯的表现。在它们害怕被对方猎食的时候，甚至还会将尾巴夹在两腿之间。

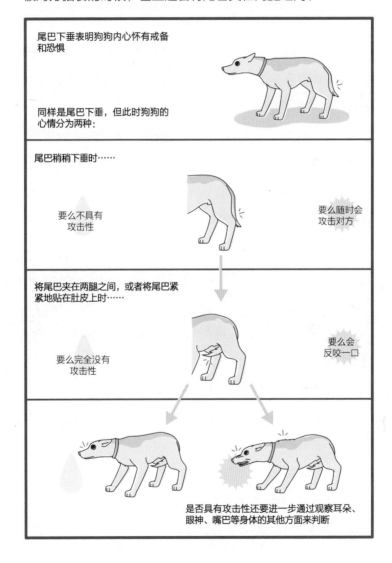

尾巴下垂表明狗狗内心怀有戒备和恐惧

同样是尾巴下垂，但此时狗狗的心情分为两种：

尾巴稍稍下垂时……

要么不具有攻击性

要么随时会攻击对方

将尾巴夹在两腿之间，或者将尾巴紧紧地贴在肚皮上时……

要么完全没有攻击性

要么会反咬一口

是否具有攻击性还要进一步通过观察耳朵、眼神、嘴巴等身体的其他方面来判断

3-03

摇尾巴

狗狗尾巴静止不动时，其心理可能会是以下两种：平静如水，或者高度警戒。狗狗轻轻摇动尾巴时，其心理可能会是以下两种：些许兴奋，或者再观望一下。

尾巴摇晃得比较厉害则表明狗狗处于极度兴奋的状态。上下摇晃、左右摇晃、呈圆形轨迹摇晃——从尾巴的摇晃方式上可以窥得每只狗狗的性格脾气。

另外，我们还可以结合狗狗尾巴的摆放位置来分析狗狗的即时心理。

● 比正常状态下的位置稍低一些，慢慢摇动：欣喜中夹杂着些许不安。

● 比正常状态下的位置低许多，慢慢摇动：戒备心十足，随时都有可能出击。

● 尾巴高高立起并不停地小幅摇晃：非常兴奋。

● 尾巴高高立起并缓慢摇晃：人不犯我，我不犯人；人若犯我，我必犯人。

● 尾巴高高立起并停止不动：我已经锁定你了。

给大家提个醒：狗狗尾巴总是摇个不停，可能是尾部腱鞘炎所致。出现这种情况的话，我们要及时带狗狗去宠物医院做检查。

狗狗尾巴的摇动方向和位置之间的关系是……

比正常状态下的位置稍低
一些，慢慢摇动

欣喜中夹杂着些许不安

比正常状态下的位置低许多，慢慢摇动

戒备心十足，随时都有
可能出击

尾巴高高立起并不停地小
幅摇晃

非常兴奋

尾巴高高立起并缓慢摇晃

人不犯我，我不犯人；
人若犯我，我必犯人

"信号"训练法

很多心理压力方面的生理反应与安定信号是重合的，如果我们能利用好狗狗偶然一次的生理反应，就可以通过"信号"等方式来提高它们某种行为的频率。

我所饲养的狗狗大福接收到特殊"信号"就会打喷嚏。我用的方法是"响片训练法"，也就是在它偶然打喷嚏后，我会奖励一点美食给它。慢慢地，它只要一见到我，就会打上几声喷嚏。

之后，只要预感这只狗狗要打喷嚏了，我就会先发出某种"信号"。简而言之，训练的过程可以总结为：信号（先行刺激）→ 喷嚏（行动）→ 奖赏。这种做法的主要依据是学习心理学与行动分析学中的"三项相倚"理论。

为了让"信号"发挥作用，在狗狗随意打喷嚏的时候，我不会给它任何奖赏。于是，狗狗随意打喷嚏的频率慢慢降低。最后，只有在我发出"信号"的时候它才会打喷嚏。这种利用"信号"控制狗狗打喷嚏的做法叫作"刺激控制"，所发出的"信号"叫作"辨别刺激"。

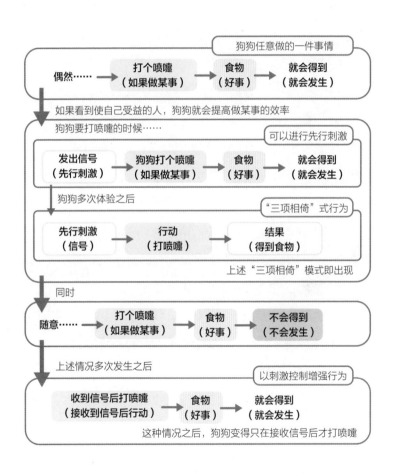

狗狗任意做的一件事情

偶然…… → 打个喷嚏（如果做某事） → 食物（好事） → 就会得到（就会发生）

如果看到使自己受益的人，狗狗就会提高做某事的效率

狗狗要打喷嚏的时候……

可以进行先行刺激

发出信号（先行刺激） → 狗狗打个喷嚏（如果做某事） → 食物（好事） → 就会得到（就会发生）

狗狗多次体验之后

"三项相倚"式行为

先行刺激（信号） → 行动（打喷嚏） → 结果（得到食物）

上述"三项相倚"模式即出现

同时

随意…… → 打个喷嚏（如果做某事） → 食物（好事） → 不会得到（不会发生）

上述情况多次发生之后

以刺激控制增强行为

收到信号后打喷嚏（接收到信号后行动） → 食物（好事） → 就会得到（就会发生）

这种情况之后，狗狗变得只在接收信号后才打喷嚏

3-04

恐惧　不安

高兴

压低脑袋

　　平日里，听到我们喊"过来"的时候，有的狗狗会压低脑袋怯生生地走过来，这是狗狗感知到主人的威严并表示服从的一种表现。

　　长时间以来，人与狗狗的关系都被认同为一种主从关系。2008 年以前，在日本"环境省"（相当于中国的生态环境部）所主办的动物饲养讲习会上，警犬训练师们每次都会告诉学员："服从主人是狗狗的天性，训练的目的就是让它们更好地听从主人的指令。"

　　从 2009 年开始，讲习会的讲师由家庭犬训练师来担任，我有幸成为其中一员。我们和学员们强调的并不是"狗狗的服从天性"，而是它们与人类的"共生共存"关系。

　　总之，狗狗如果出现以下状态，我们就应该对其"敬而远之"：压低脑袋、垂耳朵、耷拉尾巴、皱鼻、伸腰、静止不动、眼神锐利、低吠、龇牙、全身抖动。

　　但如果狗狗的眼神很温和、低垂的尾巴摇个不停时，即便出现上述状态，也不必担心会被它们攻击。这时的它们有些小胆怯，但还是比较友好的。

听到我们喊它"过来"的时候，有的狗狗
会压低脑袋怯生生地走过来……

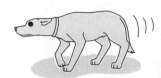

这是狗狗感知到主人的威严并表示服从的
一种表现

压低脑袋首先是狗狗不安以及恐惧
的一种表现

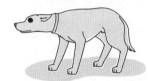

但如果压低脑袋的同时……

狗狗还摇晃着尾巴，眼神也比较温和……

可以将其心理解读为既
欣喜，又有点恐惧

皱鼻、伸腰、静止不动、眼神锐利……

对于这种状态下的狗狗，
我们要"敬而远之"

抬起臀部

　　在前一节，我提到了狗狗压低脑袋通常是因为内心怀有不安和恐惧。如果压低脑袋的同时还抬起臀部、立起耳朵、睁大眼睛、张开嘴巴，那就说明它想与对方一起玩耍。

　　狗狗的这种肢体语言叫作"玩耍鞠躬"（playing bow）。如果是精力旺盛的狗狗，还可以看到它摆出这个姿势跳来跳去。像我家大福就属于这类。而我家另一只狗狗小铁，虽然偶尔也会做"玩耍鞠躬"，但它与初次见面的狗狗相处时，"玩耍鞠躬"会稍稍发生"变形"——它并不是瞬间压低脑袋邀请对方，而是保持这个姿势较长时间。这时候，可以从中发现它内心的些许不安与犹豫。

　　狗狗的这种肢体语言除了在向对方表达自己的友善之外，也是在缓解自己内心的不安心理。因此，"玩耍鞠躬"也被认为是安定信号的一种。

这种邀请对方与自己玩耍的姿势，名为"玩耍鞠躬"

有些狗狗甚至用左窜右跳的方式来演绎这个姿势

邀请初次见面的小伙伴时，有些狗狗会较长时间地保持这种姿势

因为这是向对方传递自己的"友好"心意的方式，所以也被认为是"安定信号"的一种

3-06

伸懒腰

　　我们人类在早上起床之后会伸伸懒腰，狗狗们也是如此。如果长时间保持一个姿势不动的话，肌肉会萎缩，而伸懒腰就是在拉伸萎缩的肌肉。

　　白天的时候，长时间保持某个姿势不动之后，我们也会伸伸懒腰。这既可以拉伸肌肉，也能帮助缓解心理压力。

　　狗狗伸懒腰的"程序"是：提臀→将前肘贴在地面上→曲腰→拉伸后腿。与人类一样，狗狗伸懒腰也是为了拉伸肌肉和缓解心理压力。

　　实际上，伸懒腰的姿势与"玩耍鞠躬"大致相同，而低头抬臀的这种"安定信号"可能并不是来自"玩耍鞠躬"，也许是来自伸懒腰。

　　很多宠主为了让自家狗狗学会鞠躬，会尝试着教它们将前肘贴在地面上并抬臀。其实，教狗狗鞠躬并不难，只要它们早上起床后伸懒腰，我们就马上送上"美食"，慢慢地，狗狗见到我们就会有伸懒腰的"冲动"。这时，我们再适时地用某种语言信号来做先行刺激即可。

伸懒腰不仅可以拉伸萎缩的肌肉,还可以缓解心理压力

由于狗狗伸展身体的姿势像是在鞠躬……

看到狗狗要伸懒腰的时候……

发出信号
(先行刺激)

鞠躬!

发生行为

给予奖励

重复多次之后……

鞠躬!

只要我们发出语言信号,狗狗就会做出鞠躬的姿势

打哈欠

打哈欠也被认为是"安定信号"之一。

在以往的狗狗训练理念之中有这样一种先入为主的观念：狗狗打哈欠是它们精神松懈的表现，应该用勒紧脖套等方式来做惩罚。这种军事化训练方式是基于"人类为主，狗狗为从"的想法。

但是，学习心理学与行动分析学告诉我们，"惩罚"只会让狗狗们趋于"逃避"，也会使它们攻击人类的危险系数增高。其实，打哈欠既是一种"安定信号"，也是狗狗心理压力的一种体现。现在，很多人在训练狗狗时已经能够科学地看待狗狗的哈欠，对其进行缓解压力等合理的训练。

同样，我们人类的哈欠并非只是意味着"疲倦"与"无聊"，也是心理压力的外显。人类的理性让我们不能"想睡就睡"，也正是因为这一点，我们才有心理压力。

人和动物之所以会打哈欠，归根结底，是因为脑供氧量不足，张大嘴巴打哈欠即是吸取外部氧气的过程。而脑供氧量不足也是心理压力产生的主要原因。

当然，无论是人类还是其他动物，从幼年时期开始就会打哈欠，是与生俱来的。打哈欠并不只是对心理压力的一种

反应，也是向对方发出的一种"安定信号"，目的是缓和紧
张气氛。

脑供氧不足是打哈欠的主要原因

脑供氧不足也是产生心理压力的
主要原因

狗狗打哈欠曾经被认为是它们精
神松懈的体现

瞧它慵懒的
样子。

其实打哈欠是狗狗发出的一种
"安定信号"，与精神松懈并无
关系

3-08

心理压力

其他

吐鼻息

有时候，狗狗会轻吐鼻息，让人觉得它们是在嗤笑谁。如果某只狗狗面对我们轻吐鼻息，我们会有一种被轻视的感觉，难免会感到不快。

当然，狗狗是不会刻意用这种方式来轻视对方的。那么，狗狗吐鼻息的原因是什么呢？

首先，这是它们去除鼻孔中的鼻涕的一种方式。在2-09"舔鼻尖"一节中，我已经做了相关介绍：狗狗的鼻涕其实是鼻腔中的分泌腺流出的分泌液以及泪管流出的眼泪。平时，鼻涕会流向喉咙。当心理压力增大时，鼻涕会大量出现。这时，狗狗的反应就是打喷嚏或者不停地舔鼻尖。如果鼻涕的量没有达到上述程度时，狗狗也会以吐鼻息的方式来处理。

吐鼻息的频次因犬种以及体质而异。我家的狗狗就不太做这个反应，而骑士猎犬以及法国斗牛犬等短头犬吐鼻息会比较频繁。

其次，吐鼻息还是重置"味道信息"的一种方式。狗狗嗅到某种味道之后，觉得并不合自己的口味，于是就将带有这种味道的鼻涕去除。

总之，狗狗是不会"嗤之以鼻"的，大家大可不必太"玻璃心"。

3-09

背过脸去

　　训练过程之中，有时候狗狗嗅一下主人递过去的"奖赏"之后，会吐下鼻息，然后将头转到另一侧；主人从外面归来的时候，狗狗会扑上来嗅一会儿，然后吐下鼻息，转脸走开。狗狗的这类行为容易被误解为在笑话主人。

　　其实，前者是对狗狗长期训练的结果。主人刻意不让狗狗吃自己递过去的某种食物，经历过数次相同的训练之后，狗狗心理压力过大，所以才会出现吐鼻息的反应。而后者也只是狗狗嗅到主人从外面带回来的气味之后，感觉其与以往主人身上气味不同，所以才"哼"的一声走开。

　　狗狗的转脸行为往往是"转移视线"的后续，也是一种"安定信号"。在此，要补充一点：像这种"安定信号"并不是狗狗专有，包括人类在内的很多哺乳类动物都有向对方传递这种信息的能力。走在路上，觉得某人比较危险的时候，我们看一眼之后会马上转移视线，然后将脸转向其他方向。人如此，狗狗与其他哺乳动物也是如此。

　　各位看官家的狗狗会经常背过脸去"无视"你吗？相信大家读完这一节之后，就不会再误解它们了。

3-10

背过身去

　　狗狗在接受强制性训练时，往往会转移视线、转过脸去，甚至还会背过身去。

　　有些书宣扬人类是狗狗的主人，并以此为立场强调强制训练的正确性。比如训练狗狗坐下时，这些书指出狗主人就应该声色俱厉地对狗狗发号施令，否则毫无效果。殊不知这种方式也许会适得其反，让狗狗心理压力倍增。"坐下！""坐下！！""坐下！！！"在主人一声声的声嘶力竭中，狗狗会变得无所适从，训练也会变得毫无意义。

　　如果我们让狗狗记住先行刺激的某种信号，在接收到这种信号之后，狗狗自己就会主动去完成某件事情。举例来说，平时我们一拿起装有狗粮的袋子，隔壁房间的狗狗就会循声走过来。在这里，拿袋子时发出的声音成为先行刺激信号，我们无需强制狗狗，它自然而然地会随着信号做应该做的事情。

　　相反，如果宠主用严厉的口吻发出指令，反而会让狗狗感受到压力，导致狗狗出现转移视线、背过头去等反应。而宠主因为自己的命令被狗狗忽视，语气也越来越严厉，甚至用手按压狗狗的臀部，强迫狗狗坐下。最后狗狗虽然坐下了，但这时它们往往会背对着主人。

因此，在狗狗训练方面，我们要争取做到以下两点：一是不能让狗狗有心理压力；二是不强制狗狗做它们无法做到的事情。

东张西望

　　有这样一份研究报告，内容如下：让宠主和狗狗近距离接触 30 分钟。接触前后要分别测定宠主尿液中的催产素，而且还要准确计算两者接触期间狗狗注视主人的时间。结果证明，调查研究之前就被判定与狗狗的关系为"良好"的宠主，其尿液中的催产素在与狗狗接触了 30 分钟之后上升很多。而且，狗狗在这期间注视宠主的时间是与饲主的催产素含量成正比的。

　　催产素又叫"幸福荷尔蒙"，它与个人的幸福感正相关。上述研究结果显示：与狗狗关系良好的宠主在狗狗的注视下，其体内的催产素会增加。

　　其实，与主人关系不好的狗狗是不太关注自己身边这个人的，它们会把注意力放在其他更有吸引力的人或事物上。由此也可以看出，它们不太信赖主人，认为他（她）无法给予自己安全感，所以才要"自力更生"，时刻关注周围的情况。

　　如果想改善自己与狗狗之间的这种不良关系，一要提升自身的魅力，二要构建自己与狗狗之间的信任关系。在训练环节，要注意不能让狗狗有心理压力，也不要试图用严词训斥的方式对狗狗发号施令。

狗狗的社会化程度不足也是它们不关注宠主的原因之一。作为宠主，应该多创造一些让狗狗与外界接触的机会，否则心理压力会让它们时刻生活在不安、恐惧之中。

与主人关系好的狗狗会时刻关注主人的一举一动

而且凝视主人的时间也很长

人类体内的催产素也被称作"幸福荷尔蒙"，它的含量与狗狗凝视自己的时间成正比

不常看着主人的狗狗，除了表明不太信赖主人外……

主人不靠谱，什么都得靠自己啊！

对于社会性刺激感到不安或恐惧时也会东张西望

3-12

甩动身体

安定信号　心理压力　其他

　　如果我们用慢镜头回放狗狗的各种动作，会有很多新发现。

　　首先，我们来观察一下狗狗饮水时的动作。人们都认为狗狗是将舌头的边缘卷起，将食器中的水"掬起"送入口中。慢镜头下的影像告诉我们，狗狗其实是将舌尖伸向下颌方向，然后将水卷入口中。由于并非利用凹陷处来捞水喝，因此把水送入嘴巴之前，会有很多水洒在外面。

　　下面，我们再来观察一下狗狗甩动身体时的动作。慢镜头显示，甩动时狗狗后背部分的皮肤竟然会甩动到侧腹部的那个位置。

　　狗狗会在落水之后，或者是被雨淋湿之后甩动身体，这其实也是一种心理压力的体现。它们用这种方式让紧张心理导致的紧绷的皮肤得以松弛。同时，这也是向外界释放的"安定信号"。比如有些狗狗在与玩伴嬉戏时会突然静止下来，然后甩动几下身体。这可能是在向对方传递这样一种信息：我不想陪你玩了。如果训练过程中出现这种情况，那可能是向主人倾诉这样一种情感：我已经到极限了，您"饶"了我吧！

慢镜头下狗狗的饮水方式与我们想象的不同……

它们竟然是将舌尖伸到下颌的位置之后，再将食器中的水卷入口中

通过慢镜头我们可以发现，狗狗身体甩动的时候，皮肤甚至会甩动到侧腹部的位置

训练中的甩动其实是狗狗释放的一种"安定信号"

这是它们缓解紧张心理的一种方式，甩动身体可以让紧绷的皮肤得以松弛

去把球球捡回来!

甩动身体还代表狗狗向主人倾诉这样一种信息：请饶过我吧，我受不了了……

3-13

挠痒痒

　　我曾经看到一位艺人在电视上不停地挠自己的身体。这位艺人的另一个身份是画家，有一部纪录片就是以画家身份的他为素材拍制而成的。在那部纪录片中，我没有看见他挠过身体。

　　通过比较，我们可以得出这样一个结论：作为艺人，他心理压力较大，而挠身体也正是心理压力的一种体现；画家是他的本我状态，这种状态下的他是不太有心理压力的。

　　不只是这位艺人，大家在压力之下可能都会不经意地挠挠头、挠挠身体。

　　实际上，心理压力确实可以让我们的皮肤发痒。这是因为大脑在感知到压力的时候，皮肤神经末梢会释放出"神经肽"。这种物质会刺激"肥大细胞"，使其分泌出让人皮肤发痒的"组织胺"。狗狗皮肤发痒的原因也是如此。

　　因此，狗狗挠痒痒也是心理压力的一种体现，而这种现象最常出现在强制训练中。作为一种"安定信号"，挠痒痒时它们是向主人传递这样一种心理诉求：实在是太难了，请不要再让我做了。

　　在与其他同伴一起玩耍时，狗狗也会用挠痒痒的方式告诉对方：我不想和你玩了，不要再纠缠我了，我要挠痒痒了。

3-14
抬起单前肢

我们可以从狗狗抬起单前肢的行为中解读出多种信息。

首先，这也是它们对心理压力的一种反应。压力大的时候身体会发僵，狗狗抬起单前肢就是身体僵硬的体现。很多心理压力的反应都与"安定信号"重合，抬起单前肢就是其中的一个例子。作为"安定信号"，狗狗的这种行为表示它们并不想攻击对方。其次，抬起单前肢也许是它们"物理反应"的一种。比如主人让狗狗坐在自己左侧等待的时候，为了能抬头看到主人，狗狗会用左腿来承受体重。其结果就是上半身会向左侧倾斜，右前腿也就自然而然地抬起来了。

有的狗狗在发现猎物的时候也会抬起单前肢并停在原地不动。这种特性在波音达猎犬等犬种身上尤为明显。也有些狗狗只要将注意力集中到一件事物上，就会摆出这种姿势。

当然，如果地面较脏、较热，或者狗狗不敢落脚的话，狗狗也会抬起脚来。虽然这种情况并不仅限于前脚，但由于狗狗向前走时前脚一定比后脚先着地，结果就形成前脚抬起来僵住不动的姿势。

以上所说的，都是狗狗抬起前脚且停在半空中不动的情况，其实有时候狗狗抬起的前脚也会晃动，最常见的就是在我们训练它们"握手"时。

　　还有的狗狗会像小猫一样抬起前肢"打拳"，我家小铁就是这种类型。只要我伸出手，它就会抬起前肢跟我"击掌"。

　　下次看到有狗狗抬起前肢时，各位可以试着分析是属于上述哪种类型。

如何应对狗狗发出的"安定信号"

与狗狗相处的过程之中，我们需要准确判断出狗狗的某种行为是否是"安定信号"，更重要的是，我们还需要用适当的方法来应对这种信息。

比如，睡醒之后的狗狗以甩动身体的方式来拉伸萎缩的肌肉，这就不是"安定信号"；狗狗患上湿疹或者被蚊虫叮咬之后也会抓挠身体，这也不是"安定信号"。训练过程之中甩动身体的频率如果高于自由状态之下的频率，那这种甩动就是"安定信号"；接受主人指令之后的甩动以及抓挠也肯定是"安定信号"。总之，要结合实际情况来做出合适的判断。

训练时，狗狗一般会在这样两种情况下释放"安定信号"：1. 主人的言行带来压力；2. 进退两难、不知所措。结合这两种情况，我们可以采取以下四种应对办法：1. 给狗狗更高的奖赏；2. 降低训练难度；3. 给狗狗暂停休息的机会；4. 狗狗完成所要求的事情之后要及时给予奖赏，然后让它舒舒服服地睡一会儿。

如果狗狗无法顺利完成训练，就需要改变方法或暂停一会儿。"强扭的瓜不甜"，强迫它们做难度太大的事情，狗狗会压力倍增，我们也会徒增烦恼。

第 **4** 章

观察狗狗的行为举止

不安　心理压力

警戒

保持距离①

　　我们先做一个假设：某日，你乘坐的电车上乘客稀少，并且你周围空无一人。这时，刚刚上车的一名乘客突然坐到你的旁边，你会有什么反应？是不是会起身坐到远处的位置上？

　　与人交往时，要注意与对方保持适当的距离。如果侵入"个人领域"，对方就会有心理压力。与人类相同，动物之间也存在这种"个人距离"，"个人领域"被侵犯的时候，它们或是移向其他区域，或是将入侵者赶出属于自己的区域。

　　当然，"个人距离"会因对方与自己的关系不同或其他具体状况而发生变化。坐在邻座的如果是亲朋好友，我们就不会感到有任何心理压力。另外，电车内拥挤不堪时，即便是陌生人坐在自己旁边，我们也不会太抗拒。

　　我家里的两只狗狗在刚刚相识的时候都刻意保持与对方的距离。虽然在嬉戏时看上去变得亲密无间，可一旦静下来之后，各自都守着自己的"一亩三分地"，不容对方有半点侵犯。一起生活一段时间之后，两者之间的"个人距离"会逐渐变小，"个人领域"也日渐模糊。

假设车厢里乘客很少，空座位非常多

个人领域（压力区）

个人距离

这时，如果刚上车的一名乘客"侵入"我们的"个人领域"，我们会有心理压力

我们一起玩吧!

好啊!

是否会感到压力……

我能躺在你身边吗?

不行!

要视对象及当时的状况而定

4-02

保持距离②

　　2006年，我所养的一只狗狗去世了，它的名字叫"阿布"。

　　阿布是在满月的那一天被动物医院收留，一个月之后和其他两只狗狗一起被我领养的。

　　一般来说，狗狗是在出生三周之后开始的"初期社会化期"（从开始长牙的第三周到断奶后的第七八周之间），和兄弟姐妹一起学习与其他狗狗的沟通交流能力。因为阿布出生后就离开了亲生父母，再加上与它一起来到我家的另一只狗狗中途夭折，它几乎没有机会和周围的同类接触。之后，它每天都在孤独以及被其他狗狗"抵制"的状态下生活。有一次，因为我的疏忽，阿布还被一只牧羊犬袭击了。那次之后，原本从来没有表现出攻击性的阿布，变得会主动对其他狗狗采取攻击性的态度。

　　虽然阿布个性如此，但它在进入狗狗游戏区这类宽阔的场所时，依旧懂得如何与其他狗狗保持距离。如果有其他狗狗靠近，它就会离开原地，和对方保持一定距离，这个距离可以说是阿布的"个人领域"，所谓的"个人领域"是不允许其他狗狗踏足的。

　　动物行动学中有这样两个概念：逃跑距离、争斗距离。如下图所示，逃跑距离要大于争斗距离。有陌生狗狗接近自己并越界进入"逃跑距离"范围内时，狗狗会选择逃跑；侵入"争

斗距离"范围内的话，就只有与之进行"殊死搏斗"了。"逃
跑距离"相当于前面提到的"个人领域"。

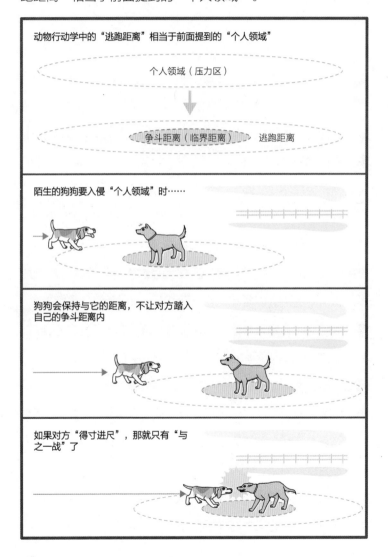

 4-03

 安定信号

站在原地不动

如前所述，对方接近自己的"个人领域"时，阿布会以移动位置的方式与其保持一定的距离。如果对方是一只善于交流的狗狗，它会在不给阿布施加心理压力的情况下慢慢靠近，并最终获得阿布的认同。也有少数的狗狗，就算阿布与其保持距离，它们也完全不予理会，而是冒失地靠近阿布。面对这种狗狗，阿布会突然"变脸"，对着它们吠叫不停。

有一次，阿布与一只比格犬相遇了。那只比格犬应该是"见多识广"，性格开朗奔放。见到阿布之后，它非常热情地冲了过来。我当时心想："不好！比格犬以这种速度冲过来，阿布是没有时间逃避的。看来一场'恶战'在所难免了。"

果然，阿布站直身体，做好了与对方"决一死战"的准备。

不过，我的担心是多余的，两者之间的"交战"并没有出现。比格犬跑到离阿布大约10米的地方之后，来了个"急刹车"——停住脚步、静止不动，这也是一种"安定信号"。

"停住脚步"与"身体僵硬"不同，后者是一种生理反应，前者是有意而为之。而且"停住脚步"之后，尾巴是不下垂的，会以一种特殊的频率慢慢摇动。事实证明，比格犬适时地释放出"安定信号"，这才避免了一场无谓争斗的发生。

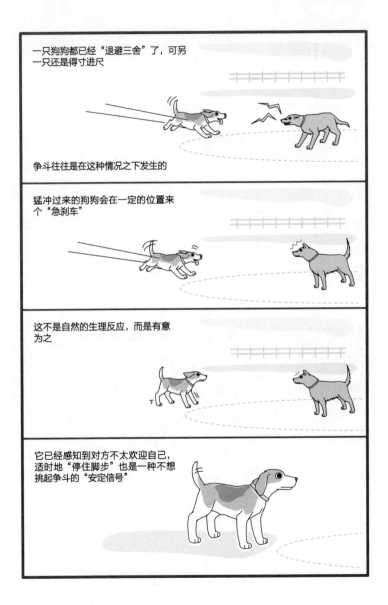

一只狗狗都已经"退避三舍"了，可另
一只还是得寸进尺

争斗往往是在这种情况之下发生的

猛冲过来的狗狗会在一定的位置来
个"急刹车"

这不是自然的生理反应，而是有意
为之

它已经感知到对方不太欢迎自己，
适时地"停住脚步"也是一种不想
挑起争斗的"安定信号"

嗅地面

4-04

阿布和那只比格犬的故事还在继续。

说起来，比格犬对阿布还真是钟情有加，一看到阿布的身影就会飞奔过来。狗狗是有能力辨别自己与对方在战斗力上的强弱差别的，这就让它们之间的"争吵"和打斗减少了许多。

看到阿布一脸不悦之后，比格犬会停下脚步嗅地面。它想传递给阿布这样一种信息："我没有要侵犯你的意思，我只是想过来闻闻地面。"不过，比格犬并没有知难而退，它一边嗅着地面，一边慢慢地靠近阿布。

"个人领域"也会发生即时变化。比格犬的这种行为使阿布的"个人领域"变小。当它嗅到离阿布大约 5 米的地方时，阿布竟然也开始低头嗅地面，并向对方的位置慢慢移动。

不久之后，双方开始嗅对方的臀部。阿布也在用相同的方法来试探比格犬。闻着闻着，比格犬突然转身跑掉了。

我见过各种各样的狗狗之间的初次接触，比较而言，这只比格犬的处理方法是最巧妙的。

那么，你家的狗狗又是怎么样的呢？它有没有过在训练过程中突然四处嗅地面呢？如果答案是肯定的，那就表明狗狗在对你发出安定信号，这时候千万不要硬拉着狗狗离开。

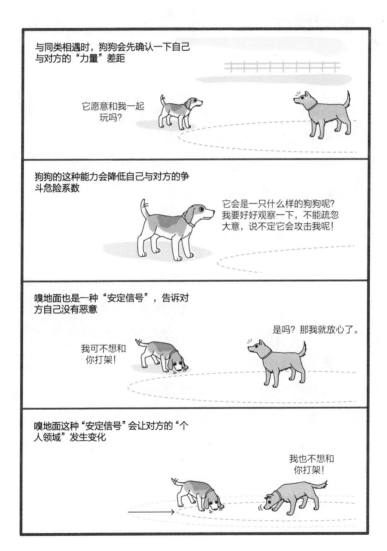

绕圈接近

虽然前面那只比格犬和阿布第一次接触,是比格犬猛冲过来又紧急"刹车"停住,接着再嗅地面彼此靠近,但是一般情况下,狗狗们其实会在不知不觉中彼此靠近。

狗狗第一次接触对方的时候,并不会采取直线靠近的方式。多数情况下,它们都是沿着弓形的轨道慢慢接近对方。狗狗是想用这种方式告诉对方,自己并没有攻击它的意思,所以,这也是一种"安定信号"。

那么,狗狗绕圈接近的方式真的能达到这种效果吗?

狗狗最害怕被对方攻击到脖子和肚子——脖子上有动脉,被咬到之后,极有可能危及性命;肚子被攻击后虽然不会立刻死亡,但发展成为腹膜炎的话,也相当危险。

直线接近对方的时候,自己的脖子和肚子不会暴露在对方面前,即便脸、头、胸、前肢被攻击,也不会当场毙命。而绕圈接近则正好相反,因为这时狗狗的脖子、肚子完全暴露在对方面前,非常危险。但是,这反而会消除对方的戒备心,从而获得对方的信任。

一般来说，初次见面的两只狗狗会以绕圈的方式来接近对方

狗狗身上易致命的地方有两处：一是脖子，二是肚子

直线接近对方能很好地隐藏自己的易致命之处

绕圈接近虽然将自己的易致命之处完全暴露在对方面前

但正是这样才能让对方看到自己的诚意，获得对方的认可

能让狗狗看懂听懂的"犬言犬语"

为缓和或避免与狗狗发生冲突，我们可以发送某种"安定信号"来和它们进行交流，比如"转移视线""转头""转身""以曲线行走的方式接近""缓慢移动"，等等。狗狗接收到这些信号之后，就会明白对面的这个人并不想伤害自己。所以，它也不会对人造成任何伤害。想要和初次见面的狗狗友好相处，就要懂得如何活用这些"安定信号"。换而言之，如果无视这些犬类的"安定信号"，并且做出一些与之相反的举动，那可能就会被狗狗视为你在挑衅它们，后果不堪设想。曾经有一个人大喊着"哇！好可爱啊！"并试图去拥抱狗狗，结果被咬伤了面颊。为避免这样的悲剧再次发生，我们千万不要直视着狗狗并从正面以快速直行的方式去接近它们。

另外，"坐下""眨眼""打哈欠""舔唇"等犬类的"安定信号"也是我们人类可以做到的。为了消除狗狗的戒备心理，我们可以在离它们稍远的位置侧着身子坐下，然后持续做"眨眼""打哈欠"等动作。不久之后，狗狗就会慢慢靠近你的。

"嗅地面"这种"安定信号"做起来有些难度。不过，只要想做，我们也是可以办到的。当然，也完全可以用"坐下来轻轻抓摸地面"的方式来代替这个动作。

狗狗犯错误的时候，有的主人会厉声呵斥狗狗，也有的主人会以低声吼叫的方式吓唬狗狗。这些做法确实能暂时防止它们再次犯错，但很不可取。首先，这样做并不能让狗狗知道自己错在哪里，也无法让它们懂得究竟怎样做才能让主人满意；其次，狗狗在受到威胁的时候，即便是面对自己的主人，也可能会做出一些具有攻击性的举动。

总而言之，为了和狗狗友好相处，我们应该积极使用可以减轻它们精神压力的"犬语"以及"安定信号"，威吓的态度以及挑衅性的动作绝对不可取。

向狗狗"示好"的几种"安定信号"

转移视线
转头
转身
以曲线行走的方式接近
缓慢移动
……

以下动作或态度被狗狗视为你在威吓或挑衅它

与其对视
将脸转向它
直接面对它
径直走近它
突然移动
……

嗅臀部

　　狗狗肛门处长有肛门腺，肛门腺分泌物的气味各有不同，代表着每只狗狗的"个体资料"。所以，狗狗们经常以嗅肛门的方式来获得对方的个体信息。

　　如果两只善于交际的狗狗相遇的话，它们会互相嗅对方的肛门，然后其中的一只会允许另一只嗅自己的全身。

　　据我观察，主动让对方闻嗅的狗狗一般都是身体强壮的成年犬，也偶尔会是身体较弱的一方。

　　身强力壮的狗狗在其他狗狗嗅自己的时候，会昂首挺胸，并微微摇动高高立起的尾巴。嗅的一方会闻遍对方的全身，最后，还会舔一下对方的嘴巴。

　　体格较弱的狗狗在被对方嗅的时候，一般都会紧张地绷直身体，耷拉着尾巴，而且耳朵也会软趴趴地垂着。

　　在稍加试探之后，狗狗们也许会因为中意对方而邀请对方与自己一起玩耍，不中意则会扬长而去。前文提到的比格犬在嗅完我家阿布的味道后，很快就离开了，大概是因为它觉得阿布"看起来弱小又无趣"吧。

　　也有一些社会化程度不高的狗狗，根本就不会给对方嗅自己的机会。陌生狗狗凑到自己身边时，它们会向下卷起尾巴，将自己的肛门遮得严严实实。各位宠主家的狗狗如果是这一类型，那就不要勉强它去和其他狗狗"亲近"了。

4-07

慢慢移动

安定信号 不安

其他 放松

　　看到有物体突然开始移动时，或者移动着的物体突然加速时，狗狗往往会变得非常紧张。当然，不仅狗狗这样，我们人类也是如此。

　　之所以会感到紧张，是因为害怕移动的物体会伤害到自己，而且对方移动速度很快，很可能会闯入自己的争斗距离内。

　　狗狗大多比较敏感，时刻防备外物对自己的袭击。如果人（比如小孩子）或物体（比如遥控车、滑板、扫地机等等）快速移动时还发出声音，狗狗会更加紧张。

　　有些行为会让对方心理紧张，而与此相反的动作往往可以起到舒缓紧张的作用。这些可以让对方消除或缓解紧张心理的做法，很多都被定位为"安定信号"，比如：盯视对方会让对方紧张，转移视线则是"安定信号"；与对方面对面会给对方带来压力，背向对方则是"安定信号"；直线接近对方会让对方没有安全感，绕圈接近则是"安定信号"；发出声音快速移动会惊到对方，慢慢移动则是"安定信号"；突然屏住呼吸会让对方觉得将受到袭击，深呼吸则是"安定信号"。

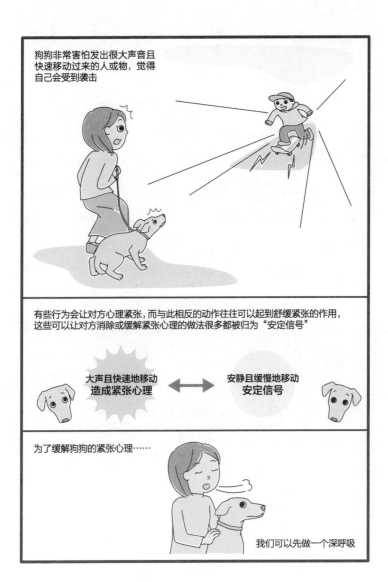

狗狗非常害怕发出很大声音且快速移动过来的人或物，觉得自己会受到袭击

有些行为会让对方心理紧张，而与此相反的动作往往可以起到舒缓紧张的作用，这些可以让对方消除或缓解紧张心理的做法很多都被归为"安定信号"

大声且快速地移动
造成紧张心理 ⟷ 安静且缓慢地移动
安定信号

为了缓解狗狗的紧张心理……

我们可以先做一个深呼吸

坐与伏

狗狗的坐与伏也是它们发出的"安定信号"。

动物在发起攻击之前，一般采取四足站立的方式，而坐与伏则无法达到四足站立的迅猛攻击效果。从这一点来看，坐与伏也是向对方传递这样一种信息：我不会攻击你的，别害怕！从另一视角来看，在遇到攻击时，坐与伏这两种姿势是很难快速逃跑的，这也可以成为判断坐与伏是"安定信号"的依据之一。

我经常能看到这样的场景：三两结伴的狗狗们在一起追逐玩耍时，如果其中一只狗狗突然趴下，那其他的狗狗也不会再"纠缠"。趴下的那只狗狗似乎在向其他玩伴传递这样一种信息：我们先歇一会儿吧！

互相熟识的狗狗们一起嬉戏时，如果突然闯进一位"不速之客"，其中的某一只也许会毫无征兆地坐下来。它是想用这种方式来控制因陌生狗狗闯入所造成的混乱局面。

在狗狗的培训课上，培训师也会教狗狗如何完成坐与伏这两种"安定信号"。在这个过程中，有些狗狗会背对着自己的主人坐下，这是心理压力过大的表现。

无论是进攻还是逃跑，四足站立的
姿势都是最有效率的

正因为坐与伏这两种姿势既不利于进攻，也不利于逃跑，所以才可以将其
归为"安定信号"

很难进攻　　　　　　　很难逃跑

三两结伴的狗狗们玩得正起劲时……

如果有一只突然趴下不动，那它可
能是在向其他狗狗传递这样一种
信息……

我们先歇一会儿吧！

恐惧　不安
放松　安定信号

露出肚子

　　狗狗被训斥的时候，往往会躺下来露出肚子。很多书上写着这是狗狗的一种"服从于主人的姿势"，但千万不能以偏概全。

　　从动物行动学的角度来看，这确实是一种服从的姿态。但是，这种"服从"和我们印象中的"服从"不是一个概念。

　　不仅"服从"一词如此，其他很多词汇的学术概念与通俗意思都不太一致。比如日语"仕事"在日常生活中被用于表示所从事的"工作"，在力学领域，它却表示"功"。

　　那么，狗狗在被训斥的时候，究竟为什么要露出肚子呢？如前所述，狗狗将自己的弱点暴露出来的时候，那就是向对方传递这样一种信息：我不会攻击你的，所以你也不要攻击我。从这一点来看，"露出肚子"也是"安定信号"的一种。

　　有时候，狗狗"露出肚子"会被主人误认为是在反省，主人因此怒气全消。看透主人心思的狗狗一旦发现他（她）要"爆发"了，就马上耍小聪明式地露出肚皮。

　　"我家的'小毛孩'明明露出肚子了，可总是不听话。"

　　经常能听到一些宠主这样发牢骚。其实，狗狗露出肚子有可能是希望我们给它们挠痒痒呢。所以，这种情况下"露出肚子"和"服从"是完全没关系的，千万不要被它们"骗"了。

被主人训斥的狗狗会露出肚子

!!

主人很容易将其误判为狗狗是在反省，马上就消气了

它开始反省了。

对不起。

主人先入为主地
认为狗狗在说

我没有攻击力的，所
以请你也别攻击我。

这才是狗狗的心里话

被训斥时露出肚子，也许只是
它们发出的"安定信号"

慢慢地，狗狗发现露出肚皮就会让主人消气，以后就会经
常用这种小伎俩来"骗"主人了

露出肚皮之后
（做某事之后） → 主人的怒气
（讨厌的事情） → 就会平息
（不会发生） → 频率
变高

4-10

刨地

高兴　心理压力　其他

　　对于狗狗刨地的天性，早就有人做过这样的分析："狗狗的祖先为了隐藏猎物，需要将其埋入自己刨好的土坑中，择期再挖出进食。这种习性延续至今。"

　　我不太认同这种说法。狗狗的嗅觉那么灵敏，埋得再深，它们也能找到同类埋在土中的食物。我认为狗狗刨土的目的应该是建造一张冬暖夏凉的舒适"睡床"。长期生活在室内的狗狗会用爪子抓刨它的窝，这是为了让自己睡得更舒服一点。

　　另外，生活在野外的狗狗也经常会用刨土的方式捕捉隐藏在土洞中的老鼠、兔子等小动物，即便是养在院子里的狗狗，有时也会"掘地三尺"寻找它们感兴趣的东西。有的狗狗会啃咬狗笼出入口旁边的位置，这是它们试图逃跑的一种表现。有的狗狗为了消愁解闷，还会撕咬沙发、榻榻米等。出现这种情况时，我们应该将它们带出去遛遛，以运动等方式来转移它们的注意力。

　　有朋友曾经跟我诉苦，说他们家的狗狗经常会把花坛刨得一塌糊涂。其实这个问题也比较容易解决：干脆开辟一块可以刨土的场所，让它们能够打发时间和释放压力，适时地消消愁、解解闷。

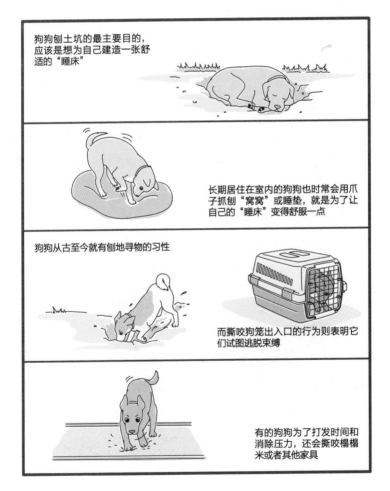

狗狗刨土坑的最主要目的，应该是想为自己建造一张舒适的"睡床"

长期居住在室内的狗狗也时常会用爪子抓刨"窝窝"或睡垫，就是为了让自己的"睡床"变得舒服一点

狗狗从古至今就有刨地寻物的习性

而撕咬狗笼出入口的行为则表明它们试图逃脱束缚

有的狗狗为了打发时间和消除压力，还会撕咬榻榻米或者其他家具

其他

睡觉时抽搐

　　对于狗狗睡觉时的抽搐，有的宠主问我是不是因为它们在做梦。答案是"yes"。

　　根据脑电图的不同特征，睡眠分为"快速眼动睡眠"（REM Sleep）和"非快速眼动睡眠"（NREM Sleep）。前者是正常睡眠期间间歇出现的一种快速急剧的眼球运动，睡眠较浅；后者睡眠较深，没有眼球运动。

　　梦出现在"快速眼动睡眠"阶段，而身体出现小抽动是这个期间的正常反应。电车中的乘客在打盹过程中就时常会抽动一下，我在学生时代就经常在课堂上的睡眠抽搐中醒来。

　　睡眠中的抽搐应该和梦境有关。在梦的作用下，有的狗狗的抽搐会升级为某种动作。网上有这样一段视频：一只狗狗在睡眠中不断地抽动身体，突然，它起身猛地撞向墙壁（感兴趣的读者可以点击以下网址 http://www.break.com/index/sleeping-dog-runs-into-wall.html）。

　　"快速眼动睡眠"与"非快速眼动睡眠"在睡眠过程中会交错出现。人类的睡眠每90分钟左右为一个周期，每天晚上出现4~5次"快速眼动睡眠"；狗狗的周期为20分钟左右，它们的睡眠总时间是人类的两倍，按照每天14个小时的睡眠时间来计算，狗狗的"快速眼动睡眠"大约会出现 42 次。由此看来，狗狗每天做梦的次数要多于人类。

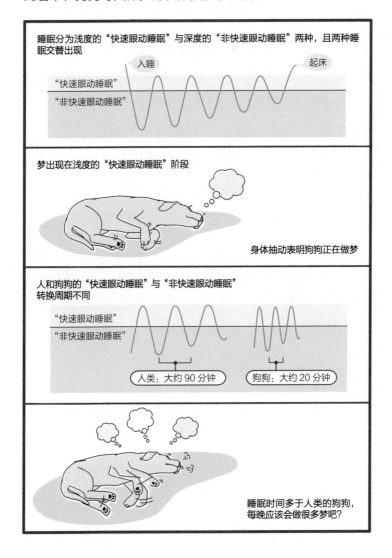

睡眠分为浅度的"快速眼动睡眠"与深度的"非快速眼动睡眠"两种，且两种睡眠交替出现

"快速眼动睡眠"

"非快速眼动睡眠"

入睡　　　　　　　　　　　起床

梦出现在浅度的"快速眼动睡眠"阶段

身体抽动表明狗狗正在做梦

人和狗狗的"快速眼动睡眠"与"非快速眼动睡眠"转换周期不同

"快速眼动睡眠"

"非快速眼动睡眠"

人类：大约 90 分钟　　　狗狗：大约 20 分钟

睡眠时间多于人类的狗狗，每晚应该会做很多梦吧？

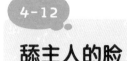

舔主人的脸

　　狗狗的祖先断奶时会舔食狗爸狗妈用嘴递给自己的食物，时至今日，这种习惯仍存在，只不过演变成舔主人的脸庞了。

　　狗宝宝断奶之后，狗爸或狗妈会将胃中半消化的食物吐出来喂给它们。当然，它们并不是回到居所之后就立刻吐出来，一是为了不弄脏自己所住的地方，二是害怕食物的气味引来敌人。于是，狗爸或狗妈会领着孩子暂时离开居所。途中，饥饿的狗宝宝边走边舔狗爸或狗妈的嘴角，这成为狗爸狗妈将胃中半消化的食物吐出喂食的"诱因"。

　　现在，狗狗会经常舔自己主人的嘴角。当然，宠主肯定不会吐出什么喂食它们。不过，主人嘴角的香味以及主人的回应让它们尝到了甜头，它们会屡屡抬起头，尝试着伸舌舔主人的面庞。

　　有时狗狗也会为了让讨厌的事消失而去舔对方的嘴巴，这应该是从狗宝宝舔狗妈妈嘴巴这种行为演变而来的，能达到向对方示弱的效果。

　　有时，两只狗狗在互吠的中途，突然会有一只伸出舌头舔另一只的嘴角。这是一种"安定信号"，告诉对方自己已经认输，不会再"造次"了。

狗狗在感知到主人与往常不同时，也会伸出舌头舔主人的脸庞。这是为缓解心理压力与不安而做出的举动。

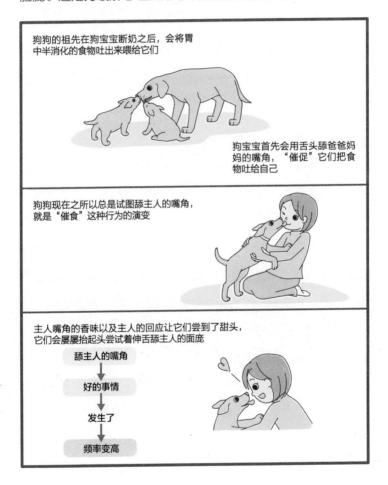

狗狗的祖先在狗宝宝断奶之后，会将胃中半消化的食物吐出来喂给它们

狗宝宝首先会用舌头舔爸爸妈妈的嘴角，"催促"它们把食物吐给自己

狗狗现在之所以总是试图舔主人的嘴角，就是"催食"这种行为的演变

主人嘴角的香味以及主人的回应让它们尝到了甜头，它们会屡屡抬起头尝试着伸舌舔主人的面庞

舔主人的嘴角

好的事情

发生了

频率变高

小便

狗狗小便的原因有很多，举例来说：膀胱中积存了尿液，为了占地盘，因过于惊恐而失禁，兴奋所导致的遗尿，膀胱炎等疾病所致，等等。

可是，还有一个原因大家可能都没有注意到，那就是它们在释放"安定信号"。在被其他狗狗纠缠的时候，狗狗会以小便的方式告诉它：我现在最重要的事情是小便，没时间和你玩，所以你离我远一点！

我家的狗狗小铁就经常在喊它上车回家的时候跑走小便。它是比较抗拒上车进笼的，可是又知道上车后就能得到奖赏。为了让自己从这种矛盾心理中解脱出来，它往往要去小便。

前面说到过，安定信号中有大部分与压力反应是相似的，那么小便又是什么样的情况呢？

人类在紧张时往往会跑趟厕所。究其原因，紧张会导致神经过敏，膀胱中枢接收到膀胱的这种细微变化之后，就会让人产生尿意。我们往往在考试前、演出登台前、竞赛开始前等情况下被"小便"侵扰。狗狗在压力之下也会尿尿，这种与生俱来的压力反应慢慢就发展成为"安定信号"。

4-14

高兴　激动

其他

向后方刨土

有些狗狗在大小便之后会用四肢向后方刨土。这究竟意味着什么呢？

猫咪为了把自己的粪便藏起来，会在上面盖上砂土，不过因为它们是用前脚做这个动作，所以确实可以做到把排泄物掩埋起来。而从狗狗刨土的动作来看，它们并不会把砂土盖在排泄物上，由此可知，它们刨土并非为了掩埋排泄物。而且，据我观察，喜欢向后刨土的狗狗大多数都是公狗。所以，我们是否可以认为它们向后刨土的行为是在做标记、占地盘呢？

虽然，只有狗狗才能告诉我们真相，不过我们可以假设狗狗向后刨土是在做标记。

视觉上的标记行为中，最著名的应该是猫咪或熊借由磨爪所留下的爪痕。狗狗的刨土行为与这种标记行为类似。狗狗刨土之后，地面上留下了清晰的爪印，脚掌上汗腺分泌的汗水也会留在那里——其他狗狗发现这些脚印之后，又嗅到了其留下的气味，最后发现了大小便。

由此可见，狗狗大小便之后的刨地动作确实起到了做标记、占地盘的作用。

猫咪会用前脚将自己的排泄物埋上

有些狗狗在排泄之后会用四肢向后刨地

狗狗的这种行为与猫咪隐藏排泄物的做法完全不同

你也没埋上啊!

这样就可以了。

有脚印，还有气味和便便。

究竟是谁留下的呢?

狗狗的这种刨地行为应该是在做标记、占地盘

跨骑行为

　　狗狗的跨骑行为首先是一种性行为。只要发情的雌性狗狗一方接受，雄性狗狗跨骑在雌性狗狗后背上，交配就能顺利地进行了。

　　也有人认为跨骑也是强者向弱者示威的一种方式。在这一点上，我持反对意见。我认为无论是跨骑，还是在其他方面，首先是由弱者做出让步之后才能看出孰强孰弱。"退一步海阔天空"，这种示弱行为可以避免一场无谓争斗的发生。

　　我家里的两只狗狗强弱分明。大福总是试图跨骑它所遇见的各种狗狗，当然，如果对方不接受，它只能"空手而归"了。

　　小铁是比较被动的一方。其实，在它刚刚 4 个月、体重 5 公斤的时候，它曾经想要跨骑 25 公斤的牧羊犬与 40 公斤的混血犬，其结果不言自明。之后，它的跨骑行为还被各种小狗拒绝。几次失败之后，它似乎丧失了去跨骑其他狗狗的意志，成为被跨骑的"弱者"。小铁的成长历程证明了那句话：跨骑行为与结果确实可以看出双方的"强弱关系"，但孰强孰弱，只有在弱者让步之后才能见分晓。

　　顺便提一句，雌性狗狗在幼时就会有跨骑行为。这应该是胎儿时期所接受的睾丸素过多导致的结果。

只要发情的雌性狗狗一方接受，雄性狗狗跨骑在雌性狗狗后背上，交配就能顺利地进行了

至于性含义以外的跨骑行为……

大多数人认为是强者向弱者彰显实力的一种行为

……

但其实首先是弱者做出让步之后，才能避免争端出现

跨骑并不是强者的示威行为，孰强孰弱要看被骑一方如何采取下一步行为

注意不到眼前的零食

　　狗狗有时会对眼前的零食视而不见；做游戏时，它们有时还找不到主人扔出去的球。这是什么情况呢？

　　首先，这和狗狗的视力有很大关系。狗狗是近视眼，远处的东西它们是看不清的。不仅如此，它们还无法聚焦距眼球60厘米以内的物体。另外，狗狗识别颜色的能力很弱。人类有三种视锥细胞，对三原色最敏感，可是狗狗只有两种。

　　人类所拥有的三种锥状感光细胞分别对波长为564纳米、534纳米和420纳米的光线最敏感。与此相对，狗狗对429纳米、555纳米的光线最敏感。420纳米、429纳米光线大脑反应的是蓝色，534纳米大约对应的是介于绿色与黄色之间的颜色，555纳米则对应接近绿色的黄色，564纳米对应的是接近红色的黄色。

　　由此看来，人类的三种锥状感光细胞对蓝色、介于绿色与黄色的中间色，以及接近红色的黄色反应最为强烈，通过这三种感光细胞作用后的组合才能够辨别多种颜色。但狗狗则是由对蓝色和接近绿色的黄色反应强烈的两种感光细胞组合，因此能辨别的颜色就比人类少很多。所以，零食和球球的颜色如果与地板的颜色混在了一起，狗狗就会对它们"视而不见"。

尽管狗狗的视力不佳且识别颜色能力不强，但并不会影响到狗狗的生存能力，而且，狗狗在对移动物体的反应以及夜视等方面是要优于人类的。狗狗正是在优势与劣势共存的情况之下适应自然并且慢慢进化过来的。

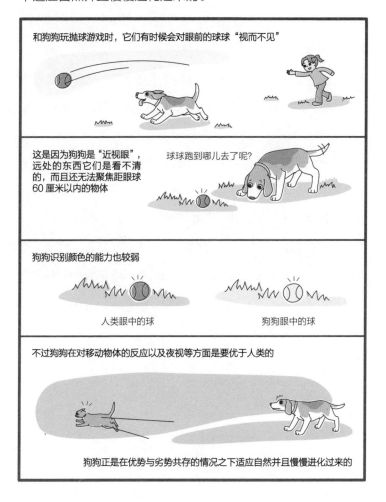

和狗狗玩抛球游戏时，它们有时候会对眼前的球球"视而不见"

这是因为狗狗是"近视眼"，远处的东西它们是看不清的，而且还无法聚焦距眼距球60厘米以内的物体

球球跑到哪儿去了呢？

狗狗识别颜色的能力也较弱

人类眼中的球　　　　　　狗狗眼中的球

不过狗狗在对移动物体的反应以及夜视等方面是要优于人类的

狗狗正是在优势与劣势共存的情况之下适应自然并且慢慢进化过来的

攻击姿势与非攻击姿势

　　狗狗露出肚子的行为并不能代表它已经"心服口服"，它只是在告诉对方，自己暂时不想与之"缠斗"。

　　一直以来，人们愿意使用"支配""服从"等诸如此类的词汇来描述狗狗的肢体语言。可是，其中有些词汇因为指向性太强，很难将狗狗的行为举止客观地解释出来。所以，我会使用"消极""积极""攻击性""非攻击性"等词汇来对狗狗的动作进行分类。

　　比如，狗狗会在对方接近自己的时候倒地并露出肚子，这就是"消极的非攻击性姿势"；如果狗狗是压低身子走向对方，然后再倒地露出肚子的话，就是"积极的非攻击性姿势"。

　　与此相同，如果狗狗将嘴撅起，然后立起耳朵、龇牙，探出身子与对方对峙的话，就是"积极的攻击性姿势"；如果狗狗将两边嘴角向后扯，然后压低耳朵，撇着身子与对方对峙的话，就是"消极的攻击性姿势"。

第 5 章

分析狗狗的异常行为

5-01

在地面磨蹭身体

　　有时，狗狗走着走着就突然将嘴巴凑向地面。可是它们并不是要嗅地面，而是突然开始磨蹭脸部，甚至还要磨蹭肩膀、后背。之后，我们会发现它磨蹭过的地方也许有一条晒干的蚯蚓残骸，或者是即将腐烂的干鱼等。狗狗和这些东西接触之后，那些特殊的气味很难去除，甚至连洗澡也洗不掉，这让很多宠主十分烦恼。

　　有人这样分析狗狗的蹭地行为：

　　1 为捕猎做掩护。将自己的气味与其他气味混合在一起，这样就不容易被猎物发现了。

　　2 通知同伴。用蹭地这种独特的方式告诉同伴自己发现了"好东西"，让它们过来共享。不过我认为这些所谓的"好东西"并不值得与同伴分享，因此我并不太认同这种说法。

　　我更倾向于认为，在"弱肉强食"的野生环境中，狗狗的这种行为是为了让自己能够很好地生存下去。而宠物狗狗每天"养尊处优"，并没有这样的生存危机。如果是宠物狗洗澡之后做出蹭地的举动，那十有八九是想去除身上令自己讨厌的洗发水味道。

"出口"伤人

　　如果狗狗在某一次"出口"伤人后达到了目的，之后，它们会频频利用这种方式来为自己"获利"。

　　被狗狗咬过的人都知道，宠物狗一般会在抗拒或者心理压力过大时"出口"伤人。而且，它们不会突然袭击，伤人之前会发出阶段性的不同程度的警告。

　　警察在与亡命徒对峙时，并不会随意开枪射杀。首先，警察会发出口头警告。如果没有效果，他们还会向着天空以及其他地方射击，以做威慑。如罪犯还是执迷不悟，那就只能瞄准他们的手或脚进行射击了。当然，对于那些各种警告后还不束手就擒的穷凶极恶之徒，最后就只有无奈射杀了。

　　狗狗"出口"伤人前也会先进行各种程度的警告：①静止不动、睨视对方→②轻声嘶吼→③卷唇龇牙→④更明显地露出牙齿，嘶吼声也随之增大→⑤空咬示威→⑥咬住对方并用牙齿触碰其皮肤→⑦用犬牙咬住对方之后再松口→⑧用犬牙紧紧咬住对方，并多次加力撕咬→⑨紧紧咬住之后左右晃动。

　　受到过狗狗伤害的宠主们对第6阶段比较在意，他们说："虽然狗狗有时只是用牙轻轻触碰人的手部皮肤，但是如果你要是惊恐地猛力抽手，也许会被它们的牙齿划伤。"

为防止被自家狗狗咬伤，我们应该熟悉它们的这种阶段性警告。前两个阶段的警告出现之后，要认真分析原因所在，然后停止自己的举动，或者慢慢引导狗狗习惯它们所"讨厌"的事与物。

5-03

啃咬东西

很多狗狗都有啃咬东西的习惯，有的宠主家里的高档家具以及名牌包包都不能"幸免于难"。

吠、咬、啃是狗狗的三大基本特征。不过，如果能从小的时候教起，它们还是会"收敛"许多的。

小狗在长牙、换牙期（一般为出生后第三周到七个月大）有乱咬东西的天性。和人类的婴儿一样，这个阶段的狗狗是在确认眼前的物品是否可以吃，或者只是以此为乐。小狗们通过彼此啃咬的嬉戏过程，可以学会控制自己咬东西的力度。另外，咬嚼物品有助于换牙，也可以让它们的下颌变得更有力量。

牙齿长全之后，虽然偶尔也会有乱咬物品的状况，但狗狗啃咬的欲求会慢慢下降。在这个阶段，我们可以发现这样一种现象：狗狗会对它们曾经啃咬过并尝到"甜头"的物品情有独钟，小时候从没有咬过的东西它们以后也不会"关注"。

因此，如果是可以给狗狗咬的物品，在狗狗开始长乳牙的三周大开始，到乳牙换牙结束、恒齿长齐的七个月大为止，宠主可以适时地拿给狗狗咬；相反，如果是不想让狗狗咬的物品，可以通过收纳得当、限制狗狗的行为、将物品套住，或是在物品上喷洒狗狗讨厌的味道等措施，让狗狗在这个时期没有机会啃咬它。

吠、咬、啃是狗狗的三大基本特征

小狗每天睁开眼睛之后就会开始撕咬物品

小时候没有撕咬过的东西长大之后也不会去"关注"

我们可以给小狗们准备一些供它们撕咬的物品

如果是不想让狗狗啃咬的物品，我们可以通过训练的方式来教导狗狗，以防它们随便啃咬

收纳

装上外罩

喷上具有特殊气味的喷液

安装隔栏

当然，也可以利用其他方法来防备它们破坏我们的生活用品

5-04

兴奋　不安

警戒

咬住东西不松口

　　有人想从我们手里抢夺某物的时候，大家肯定都不愿意松手。有时，心里也明白对方肯定会归还，可还是担心自己的东西被弄坏或弄脏。人如此，狗狗亦然。如果强迫狗狗松开咬住的东西，它反而会咬得更紧。

　　大家都读过《伊索寓言》中"北风与太阳"的故事吧。北风越想用寒风吹掉旅人的外罩，旅人越是将衣服裹得紧紧的。相反，太阳并没有"抢夺"，而是用温暖的阳光巧妙地让旅人脱下了衣服。所以，当狗狗咬住某个物品不松口的时候，我们也只可智取而不能强夺。比如，我们可以拿一件对狗狗更有吸引力的物品来做交换。狗狗真的将口中东西让出的话，我们再择机还给它。用这种方式让狗狗知道"放弃"会得到好处，以后只要我们下口令，它们就会顺从地松口。

　　我们可以将手中的美食诱饵放到狗狗的面前，诱使它们伸出舌头舔食。如果观察到狗狗将注意力都放到美食上的话，可以将它们的嘴巴掰开，然后把食物放进去。慢慢地，狗狗会形成这样一种思维定式：只要松口就可以得到美食，那么还是别抵抗了。

5-05

守地盘

看见狗狗躺在沙发上，有的宠主会"命令"它们离开。注意！这时，狗狗可能会凶相毕露、龇牙咧嘴地咬你一口。

对于狗狗来说，想得到的以及想守护的东西都是它们的"资源"，舒服的睡卧之处也是其中的一种。

狗狗当然不愿意自己的"资源"被抢夺，所以，想把它们从沙发上撵走也不是件容易的事情。它们可能会恶狠狠地睨视你并轻声吠叫，甚至狗急跳墙，之后还要咬上你一口。

为了免受伤害，我们需要做好预防措施。当然，通过训练让它们与人类和谐相处是最重要的。

训练方法非常简单：首先，可以将食物放在狗狗躺卧处的附近，将它们引到其他地方。如果进展顺利，在之后的训练中可以一边对它们说"下来"，一边投递食物。对于那些听话的狗狗，最后要奖赏更多的食物。

慢慢地，狗狗听到我们说"下来"之后，即便不给它们食物，它们也会顺从地离开躺卧处。这时，我们一边投递食物，一边自己坐到那个位置，然后给狗狗投递更多的食物。

经过这样的训练过程，狗狗就会知道把占住的位置让给主人之后，会有好事发生，而且还可以自由地回到原来的位置。

久而久之，狗狗就不会再捍卫那个位置了。

舒适的躺卧处也是狗狗守护的东西之一

和人类一样，狗狗也讨厌受到骚扰

所以，它们会用吠咬的方式来守卫自己的"地盘"，即便对方是自己的主人

各位宠主要做好防护措施，以免被自家狗狗伤害

下来!

可配合"下来"等指令，在狗狗离开躺卧处时给予食物奖励

通过训练，让狗狗知道如果自己"听话"离开这个地方，就会得到主人的奖赏，而且还可以返回来继续享受

有些事勉强不得，需要让狗狗慢慢习惯

如前所述，勉强狗狗做它们不喜欢的事情，可能会导致"出口"伤人的事件发生。而且，一旦有了第一次，"尝到甜头"的狗狗以后可能就会频频用这种手段来表示抗拒。

如何预防这种不测发生呢？最基本的方法就是让它们慢慢习惯不喜欢的事。

狗狗比较抗拒的事情有很多（当然会有个体差异），比如梳毛、擦脚、清理眼屎、掏耳朵、剪指甲、洗澡、用吹风机吹毛、用吸尘器吸毛等等。

这些事情都勉强不得，需要想办法让它们慢慢习惯，"刺激过了头"只能是适得其反。

超过边界线的红色领域是狗狗受刺激的范围。我们应该注意，不要让自己的行为刺激到狗狗。可以用食物来确认我们的行为是否越界，狗狗安心接受食物的话，表明一切都没有问题，反之则表明已经刺激到它们了。

越是让它们在红色区域体验，边界线就降得越低，最后，狗狗受不了任何刺激，攻击性会变得越来越强。

为了让狗狗适应某种刺激，我们应该在边界线最低的阶段进行尝试。在几次食物测试之后，边界线会逐渐上升，红色区域也会越来越小。

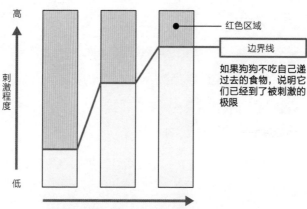

高

刺激程度

低

红色区域

边界线

如果狗狗不吃自己递过去的食物，说明它们已经到了被刺激的极限

狗狗慢慢地就会习惯宠主带给自己的各种刺激，于是，边界线会逐渐升高，红色区域也会慢慢变小

5-06

扑人

有诉求　高兴

激动

　　狗狗的怪异行为中，很多都是它们与生俱来的习性，并且是在某种特殊情况下被诱发出来的，比如"吠叫""咬人啃物""容易兴奋"，等等。

　　有的狗狗喜欢"扑人"，这也是它们的天性。第一次"扑人"得逞的话，它们以后就会频频做同样的动作。

　　有些小奶狗只要看见主人蹲下，就会扑过来并试图与主人"亲嘴"。对于这一动作，很多宠主都会欣然接受，并一边爱抚一边夸奖它们是"好孩子"。久而久之，狗狗就会有了"扑人"的"坏习惯"。

　　有的宠主认为，小奶狗如此粘人尚可接受，可一旦狗狗长大，尤其还是大型犬时，"扑人"一定要禁止，所以每次都厉声喝止。殊不知狗狗会将这种"呵斥"当成主人在陪它玩耍，从而"得寸进尺"。

　　在对待狗狗"扑人"这件事情上，最好的处理方法就是采取无视的态度。狗狗在"扑人"不被接受之后，它自己也会感到很无趣，慢慢就会"偃旗息鼓"。

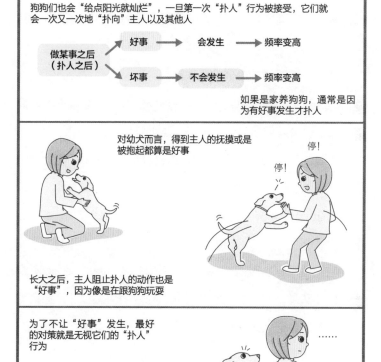

狗狗们也会"给点阳光就灿烂",一旦第一次"扑人"行为被接受,它们就会一次又一次地"扑向"主人以及其他人

做某事之后(扑人之后) → 好事 → 会发生 → 频率变高
做某事之后(扑人之后) → 坏事 → 不会发生 → 频率变高

如果是家养狗狗,通常是因为有好事发生才扑人

对幼犬而言,得到主人的抚摸或是被抱起都算是好事

停!
停!

长大之后,主人阻止扑人的动作也是"好事",因为像是在跟狗狗玩耍

为了不让"好事"发生,最好的对策就是无视它们的"扑人"行为

……

扑人之后 → 主人陪它玩 → 没有发生 → 频率降低

让狗狗明白鱼和熊掌不可兼得

狗狗们一旦觉得某件事情对自己有利，就会重复不停地做那件事。我们需要做的，就是不让那些它们觉得对自己有利的事情发生。

如果狗狗想做的事情被主人阻止，它们内心就会产生挫败感，从而产生心理压力。有时，狗狗还会做出其他让主人为难的行为，以缓解自己之前产生的心理压力。

不过，我们一定不要一味迎合它们的想法，接受它们某种任性的举动。比如，它们扑过来的时候，我们无视即可。慢慢地，它们也知道那样做很无趣，以后也就基本不会重复这种"无聊"的事情了。

当扑身动作被无视之后，有些狗狗会坐在原地。我们不要让好机会溜走，趁它们坐着的时候，赶快给点美食，让狗狗明白扑身不会有什么好结果，而坐下却有可口的食物吃，即让它们知道两件事情无法同时做到，必须要从中选择一个才行。

狗狗一些让宠主为难的行为就是被"娇惯"出来的。为了避免同样的事情再次发生，最好的对策就是让它们体悟到"鱼和熊掌不可兼得"——宠主在狗狗与自己进行"拉拽"对抗时要训斥它，在狗狗随意捡食时要喝止它，当狗狗以吠叫方式提出无理要求时要斥责它……

狗狗的坏毛病多数都是主人"娇惯"所致，因此……

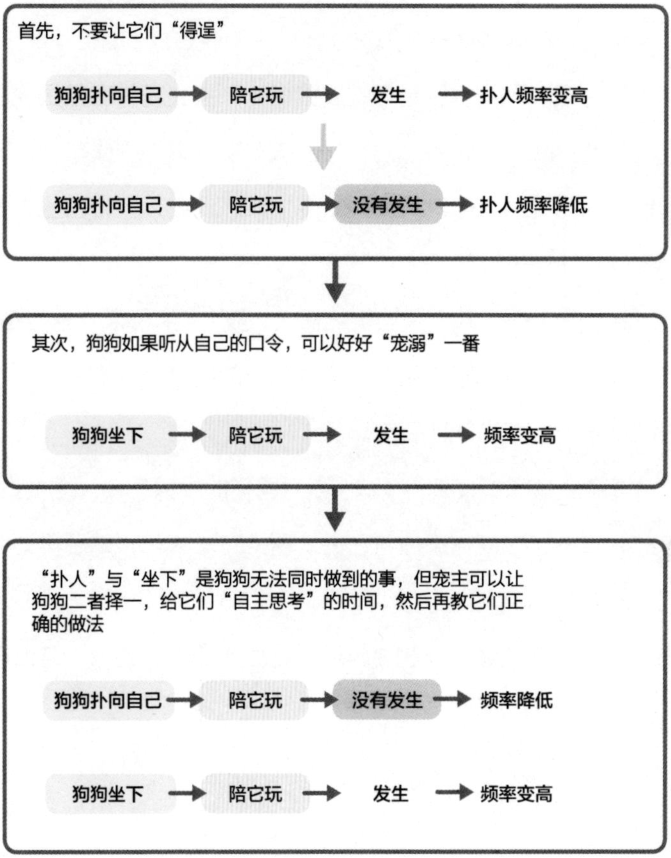

首先，不要让它们"得逞"

狗狗扑向自己 ➡ 陪它玩 ➡ 发生 ➡ 扑人频率变高

狗狗扑向自己 ➡ 陪它玩 ➡ 没有发生 ➡ 扑人频率降低

其次，狗狗如果听从自己的口令，可以好好"宠溺"一番

狗狗坐下 ➡ 陪它玩 ➡ 发生 ➡ 频率变高

"扑人"与"坐下"是狗狗无法同时做到的事，但宠主可以让狗狗二者择一，给它们"自主思考"的时间，然后再教它们正确的做法

狗狗扑向自己 ➡ 陪它玩 ➡ 没有发生 ➡ 频率降低

狗狗坐下 ➡ 陪它玩 ➡ 发生 ➡ 频率变高

散步途中"不走寻常路"

　　宠主们应该都遇见过这种情况：牵着狗狗散步的时候，走着走着，狗狗突然离开常规路线，挣脱着要去其他地方。

　　这时候的狗狗也许是想做这些事情：去公园；去某根电线杆底下闻一闻；过去做个记号；确认一下旁边的物体是什么；想和周围的"小伙伴"们亲近一下；预感到主人会带自己去一个特殊的地方……

　　这种情况下，我们是该听之任之，被它们"牵着鼻子"走，还是先停在原地，不让它们"得逞"，然后再让狗狗去它们想去的地方？答案当然是后者。

　　如果让它们"任性"一次，以后同样的事情就会一再发生。这时，我们应该停在原地与它们"僵持"一会儿，然后再让它们去想去的地方。

　　这种训练虽然不一定立竿见影，但坚持下去的话，自然能看到效果。

散步途中，狗狗突然"不走寻常路"，非要拉拽去其他方向

我要过去做个记号！

我要去那边闻闻！

拉扯牵引绳 → 狗狗想去其他地方 → 让其"得逞" → 频率变高

如果放任它们"为所欲为"，以后会频繁发生同样的事情

我们可以先站住，拽住手中的牵引绳，与狗狗"僵持"一会儿

等狗狗不再拼命拉扯的时候，再让它们去想去的地方

拉扯牵引绳 → 狗狗想去其他地方 → 不让其"得逞" → 频率降低

松开牵引绳 → 狗狗想去其他地方 → 让其"得逞" → 频率变高

让狗狗明白这两件事情：首先，强拉硬拽不会有什么好结果；其次，"顺从听话"就会有好事情发生

"胡乱"吠叫

经常有宠主诉苦说自家狗狗每天胡乱叫唤，吵得四邻不安。其实，狗狗的吠叫都带一定目的，它们是不会真正"胡乱"吠叫的。

吠叫需要能量，这就会产生"成本"。如果这些"成本"无法让狗狗获得某种"收益"，或者无法让狗狗避免"损失"的话，狗狗是不会吠叫的。

从另一个角度来看，狗狗之所以会越来越频繁地做某事，原因无非是以下两种：一是做某事就会有好事情发生；二是做某事会摆脱不好的事情。

换而言之，狗狗的吠叫一定是意味着什么，没有一只狗狗会胡乱叫唤的。

举例来说，狗狗也许会在肚子饿的时候吠叫。它们以这种方式告诉主人：该给我吃饭啦！看到主人领会了自己的心意，真的拿出"美食"的时候，它们会立刻停止吠叫。如果各位宠主在为狗狗准备食物的时候，狗狗在身边吠叫不停，那么绝对不能轻易将食物给它们，否则会让它们觉得用吠叫的方式就可以获得好处，以后会一发不可收拾。为了不给邻居们造成困扰，我们可以在狗狗进食的时候为它们准备好下一顿美食。

　　此外，我将在第 6 章详细分析狗狗其他场合下的"吠叫"行为。

狗狗一般会在什么时候吠叫呢？

①所得利益大于成本的时候

资源价值（食物）　—　成本（吠叫）　＞ 0

如果吠叫之后就可以得到食物，那以后狗狗会频繁地用这种方式来向主人讨要食物

狗狗吠叫　➡　食物　➡　得到　➡　**频率变高**

②不想失去的东西价值大于成本的时候

资源价值（自己的地盘）　—　成本（吠叫）　＞ 0

如果吠叫之后，陌生人离开了自己地盘，那以后狗狗会频繁地用这种方式来向入侵者示威

狗狗吠叫　➡　陌生人或其他动物　➡　离开自己的地盘　➡　**频率变高**

如果吠叫之后没有任何效果，狗狗以后就不会再"乱叫"了。所以，狗狗其实是不会胡乱叫唤的

说得对！

随意捡食

即便不直接吃掉，只要是随意叼起路上的东西，都被称作是"捡食"。狗狗看到地上的东西之后，就想过去确认一下是何物。如果能够顺利走过去确认（吃到嘴里）的话，就相当于它们的愿望实现了，以后它们还会频繁地进行捡食的。

作为宠主，应该防止它们养成这种坏习惯。当狗狗试图去捡食的时候，一定不能让它们的鼻尖触碰到地面。

具体应该如何做呢？首先，我们要将握着牵引绳的手放置在肚脐与胸口之间。一旦狗狗有捡食的倾向，就要攥紧牵引绳，并将手紧紧贴在肚脐与胸口之间的某个位置。狗狗抬起头之后，再缓慢松开手中的牵引绳，让狗狗放松下来。

狗狗数次"努力"之后都无法捡食的话，慢慢地，它们就不会再做无谓的"努力"了。

当然，我们也可以通过奖赏的方式让它们慢慢改掉捡食的坏习惯。捡食被制止之后，狗狗也许会抬头看我们，利用这个时机，我们可以拿出"美食"奖励它们。

想要边散步边训练狗狗可能会有一些难度，所以最开始可以从停止状态试着训练。这时，狗狗就算想去捡食也捡不到，我们可以在狗狗抬头看向我们的时候给予食物奖励。

如果我们对狗狗的捡食行为听之任之，它们会
一发不可收拾，只要出门就会捡食

为了不让它们外出时随意捡食，我们可以用以下
方法来训练：
首先，创造一个让它们能够捡食的机会，然后用
拉紧牵引绳的方式来制止

同时，我们可以在它们抬头的时候给予
奖赏

5-10

恐惧 心理压力 高兴
激动 不安 其他

随地大小便

　　狗狗随地大小便的原因有很多，比如做标记、患膀胱炎等泌尿系统疾病、患惊恐不安等精神类疾病、经常使用的狗厕所变脏、想要得到主人的关注，等等。

　　最近几年，经常有宠主跟我诉苦：狗狗被关在狗笼里时，它们能在狗狗厕所里排泄，可一旦出笼之后，它们就在房间里随地大小便。

　　如何处理这个问题呢？首先，大家要知道，排泄对于狗狗来说是一件能够让它们心情愉悦的事情。既然排泄就会有"好事情"发生，那它们可能就不会选择地点了。所以，解决的办法就是不能让它们在狗狗厕所以外的地方排泄。

　　另外，狗狗一般都是在离它们的窝稍远的地方排泄，所以，被放到笼外的时候，即便想要排泄，它们也不会回到笼中的厕所排泄，因为那里有它们的窝。当然，被关在笼中的时候，它们只好在笼中解决了，即便厕所就在窝的附近。

　　为了彻底解决这个问题，我们需要改变将狗厕所放在笼中的做法，将狗狗的窝与狗厕所分别放置在不同的空间。我们可以将狗箱当作狗狗的窝，然后将狗笼"开辟"成它们的厕所。慢慢地，狗狗想排泄的时候就会返回狗笼这个"特制"的厕所了。

排泄会让狗狗的心情变好，如果不正确引导，
它们就会随地大小便

狗狗一般会在离自己的窝稍远的地方排泄

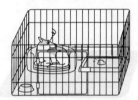

只是，狗狗被关在笼中时别无他法，
只好在旁边的厕所大小便了

为了解决狗狗被放出笼外时随意排泄的问题，
我们可以将狗窝和狗狗厕所分隔开

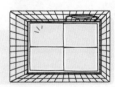

总之，要通过合理的方式让它们知
道，排泄时一定要去厕所

5-11

拒绝进食

有诉求　恐惧　心理压力

安定信号　不安　其他

生病的狗狗会出现厌食的状况。除此之外，狗狗拒绝进食的原因主要有以下四种：

1 心理压力所致。在交感神经的作用下，体内分泌出肾上腺素，致使流向消化器官的血液"停滞"。所以，心理压力下的狗狗并不是不吃食，而是无法进食。这时候，我们应该弄清楚让狗狗出现心理压力的元凶是什么，将其及时"清除"，或者引导狗狗慢慢去适应。

2 间接经验习得所致。如果平常零食吃得较多，狗狗就会慢慢对"狗粮"失去兴趣。如果主人不正确引导而拿出"美味"的零食对其宠溺，狗狗就会越来越放纵自己，"剩饭""挑食"问题会益发严重。

解决办法可以"简单粗暴"一些，"爱吃不吃，不吃就饿着"。想要零食？No! 吃不到零食，有的狗狗可能会"绝食"三天。这时也绝对不能妥协，真的饿到极限时，它们会自动"缴械投降"的。

3 训练时"无节制"投食所致。有的狗狗以为训练中肯定会有美食可吃，所以不按规律进食。出现这种问题时，一定不要在训练中胡乱喂食，当然，褒奖的美食除外。或者也可以直接中止训练，不让它们"有机可乘"。慢慢地，它们也成为"识时务者"，不仅能够规律进餐，训练质量也能得到保证。

　　4 是一种安定信号。这种问题的解决方法我在第3章的汪语再谈中做了详细的解释，在此不再赘述。

生病的狗狗会出现厌食的状况，除此之外，狗狗拒绝进食的原因主要有以下四种

① 心理压力所致

② 间接经验习得所致

狗狗一挑食，有些宠主就会换更美味的食物来喂食，久而久之，狗狗就会放弃眼前的食物而等待着美食的到来

③ 训练时"无节制"投食所致

④ 是一种安定信号

用扭脸、拒绝进食的方式告诉主人，不要给自己施加太大的心理压力

5-12

吃粪便

有时，宠主因忙于工作或者其他原因经常不在家时，大半关在笼中的狗狗就可能会出现吃食自己粪便的现象。一般来说，这种问题是从它们出生后 3~4 个月开始的。原因有很多，比如营养不足（矿物质摄取不足），食物未消化，因蛔虫、胃炎而引起的胃部灼热，为了消磨时间等等。

出现这种问题之后，我们当然要弄清楚狗狗吃粪便的真正原因。不过，首先最需要做的事情，就是不给它们食用粪便的机会，狗狗排便之后我们要立刻将其清除。另外，我们还要争取创造一个能够"陪伴"狗狗排便的环境。

如何去创造这样一个环境呢？首先，我们需要为它们准备一个狗箱当作狗狗的小窝（小狗），将狗笼当作厕所。狗狗每次离开狗箱的时候，我们要密切关注它们的动向。如果暂时在时间上不允许，一定要把它们关在狗箱中。这种方法如果能贯彻到底，可以保证每次狗狗排便时我们都能在身边。慢慢地，狗狗就会习惯离开自己的小窝去排便了。

与此同时，我们还要给狗狗喂食富含矿物质的海藻类食物，或者变换狗粮。当然，领着狗狗到宠物医院去检查也是不可缺的。

我养的一只狗狗有段时间曾经寄养在兽医那里。在那两周时间里，它竟然开始吃粪便了。领回家之后，我利用上述狗窝与狗厕分离的方法，最终让它改掉了吃自己粪便的坏习惯。

狗狗吃粪便的原因有很多，比如营养不足（矿物质摄取不足），食物未消化，因蛔虫、胃炎而引起的胃部灼热，为了消磨时间，等等

首先，我们不能给狗狗食用粪便的机会

我们需要为狗狗准备一个狗箱当作它的小窝，将狗笼当作厕所，如果暂时时间上不允许，一定要把狗狗关在狗箱中

总之，我们需要创造一个能够"陪伴"狗狗排便的环境

5-13

高兴　确认

其他

吃草

一般来说，猫咪是要吃"猫草"的，在"猫草"的刺激之下，猫可以将自己吞入到胃中的毛团吐出来。

市面上也有出售"狗草"的，可是即便买来喂给它们，它们也未必吃。狗狗并不能像猫咪一样本能地去吃草。

有时，狗狗可能会因为胃灼热而吃草，但是随着狗粮的改善以及喂食驱虫药等医疗预防方面的普及，这样的情况已经很少出现了。

有人强调说宠物狗狗长期生活在室内，而且每天吃的都是人工制作的狗粮，可能会和人一样，因为矿物质摄取不足而吃草或吃土。这种情况实际上也很少见。

我认为，狗狗吃草主要是"学习"的结果。狗狗捡食异物的情况并不少见，特别是幼年狗狗，几乎什么都要尝一口。所以，大多数狗狗都有吃草的经历。如果偶尔吃到的草带有苦味，狗狗就不会再去吃草。但是，一旦吃到口中的草并不苦，作为食物没有任何问题的话，狗狗以后吃草的频率就会变高。

有时，路边的野草也许残留除草剂以及农药，而且有的草有毒性，所以我们尽量不要让狗狗靠近，以防中毒。

猫咪为了吐出自己吞入胃中的毛团，
会本能地吃草

有时候即便为狗狗准备了"狗草"，它们也未
必食用，因为吃草不是狗狗的本能行为

狗狗吃草主要是它们"学习"的结果

不苦！能吃！
以后我还要吃。

好苦！以后我
可不吃了。

路边的草也许残留除草剂、农药等有毒
物质，或者本身就有毒性，所以尽量不
要让狗狗接触到它们

5-14

确认 高兴 心理压力

不安 激动 其他

追自己的尾巴

"追咬"自己的尾巴是狗狗的一种天性：发现"屁屁"那个地方有个毛茸茸的东西之后，狗狗先是好奇地嗅嗅，或者轻轻地咬上几下，可是，想要真正靠近那个毛茸茸的"怪物"时，它却逃走了。所以狗狗会"紧追不舍"。特别是幼年时期的狗狗，在好奇心的驱使下，它们会经常追咬自己的尾巴。

不过，当发现咬到的是自己的身体时，或者觉得追咬那个"怪物"毫无意义时，它们就会放弃这种无谓的行为。所以，成年之后，狗狗几乎都没有了追咬尾巴的"执念"。

如果成年狗狗还在一圈圈地追咬尾巴，那一定是出现了以下两个问题：运动不足；与宠主缺乏互动而产生了心理压力。

发现这个问题之后，我们需要"对症下药"：用与狗狗玩拔河游戏、取物游戏，与狗狗散步等方式增加它们的运动量；通过语言交流以及肌肤爱抚等方式增加与狗狗的交流互动，以减轻它们的心理压力。与此同时，我们还要适当地对狗狗进行训练，让它们知道如何与主人在各种场面下和谐相处，并构建一个与狗狗互相信赖的生活环境。

如果狗狗一直执着于追咬尾巴，并达到了自我伤害的程度，那就需要及时就医了。

追咬逃跑的东西是狗狗的天性

可是，超过一岁的成年狗狗如果还是追咬自己的尾巴，那就是心理压力在作祟了

为了改善这种不良状况，我们应该通过游戏以及散步的方式增加它们的运动量、减轻它们的心理压力

同时，还要适当地对其进行训练，让它们适应生活中的各种情景

如果狗狗的尾巴已经被咬秃，甚至达到了自我伤害的程度，那就要及时去看医生了

套上牵引绳后变得有攻击性

　　我家的狗狗阿布在社会化的初期阶段缺乏与其他狗狗之间的交流，再加上成长过程中曾经受到一只牧羊犬的攻击，有一段时间，它只要看到体型比自己大的狗狗，或是虽然比它小但很好动的狗狗，就会表现出很强的攻击性。为了防止它伤害到其他狗狗，我一般都要拉着它远离其他狗狗。

　　可是，阿布在进入狗狗游戏区、撤掉牵引绳而可以自由奔跑时，却几乎不会表现出攻击性。套上牵引绳后变得有攻击性，这样的情况在其他狗狗身上也会出现。

　　是否栓有牵引绳，两种情况下的"争斗距离"与"逃跑距离"是不同的。

　　没有牵引绳束缚的时候，狗狗可以自由地控制和对方的距离，可是被牵制之后，行动受到制约，无法自主调节。所以，尽管距离相同，在不受束缚的状况之下，这个距离是狗狗的"逃跑距离"，反之则是"争斗距离"。

　　经常被拴在院子里的看门狗之所以会具有攻击性，就是因为它们无法逃跑。当有陌生人侵入自己领地的时候，它们只好发起攻击了。

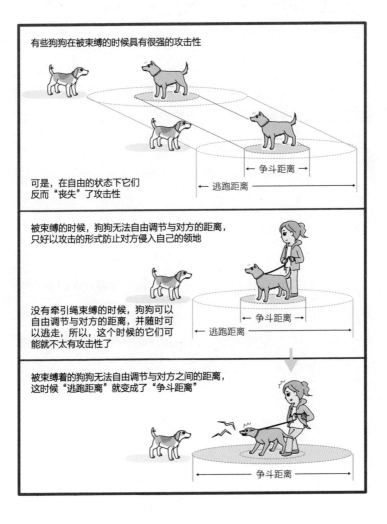

有些狗狗在被束缚的时候具有很强的攻击性

可是，在自由的状态下它们
反而"丧失"了攻击性

←　争斗距离　→

←　　　逃跑距离　　　→

被束缚的时候，狗狗无法自由调节与对方的距离，
只好以攻击的形式防止对方侵入自己的领地

没有牵引绳束缚的时候，狗狗可以
自由调节与对方的距离，并随时可
以逃走，所以，这个时候的它们可
能就不太有攻击性了

←　争斗距离　→

←　　　逃跑距离　　　→

被束缚着的狗狗无法自由调节与对方之间的距离，
这时候"逃跑距离"就变成了"争斗距离"

←　　　　争斗距离　　　　→

究竟什么样的行为才是狗狗的异常行为

一般可以从以下三个立场判断狗狗的行为是否异常：1. 宠主；2. 外人；3. 狗狗自身。

比如，有的狗狗会经常吠叫，如果这种行为宠主不在意，没有给邻居带来困扰，对狗狗自身来说，也不会给它带来任何问题的话，那吠叫就不是异常行为。

可是，爱叫的狗狗如果在旅途中的宾馆还是那么"肆无忌惮"，这可能就会打扰到别人了。所以，相同的行为会因为场合不同而具有不同的性质。

有的狗狗之所以吠叫，也许是气管出了问题，所以需要及时就医；有的狗狗会因为不安而叫个不停，需要对它们进行适当的安慰。

总之，我们需要用心观察狗狗的一举一动，寻找引发异常行为的根本原因，并及时处理。

第 6 章
关于狗狗的吠叫

6-01

吠叫

激动　警戒　心理压力　高兴
生气　不安　有诉求　其他

如何通过狗狗的吠叫方式来读取它们的心理活动，这是一个重要课题。我提倡的方法是"音乐等同法"。

首先，我们应该注意狗狗吠叫时的声音高低程度。每只狗狗的声音高低幅度都不同，它们会以较高的声音告诉对方，自己是弱小、幼小的一方。比如被关在笼子中的狗狗会楚楚可怜地尖声叫唤，以引起主人关注自己。

相反，低声吠叫则是在向对方示威，让对方知道自己是强大而不可侵犯的。猛兽"低啸"是正确表达，但猛兽"高啸"的说法却从没有听到过。狗狗经常发出"汪汪"的低吼声来展示自己的强大，以此震慑对方。

其次，我们还要注意狗狗吠叫的节奏。狗狗吠叫的速度快慢反映了它们的兴奋度。狗狗高度兴奋时，也会像人一样，"喋喋不休"地叫个不停。相反，叫声缓慢则是它们比较冷静的体现。百无聊赖时，狗狗是肯定不会快速吠叫的。

另外，吠叫的强度也是一个判断标准。吠叫声音强度大，说明狗狗内心情感比较强烈。

最后，还要关注狗狗吠叫时是如何使用"休止符"的。如果只是为了喘息而停止，说明它们的兴奋度较高。相反，如果吠叫时中间间隔较长，则说明它们在观察对手以及周围其他事物的反应。

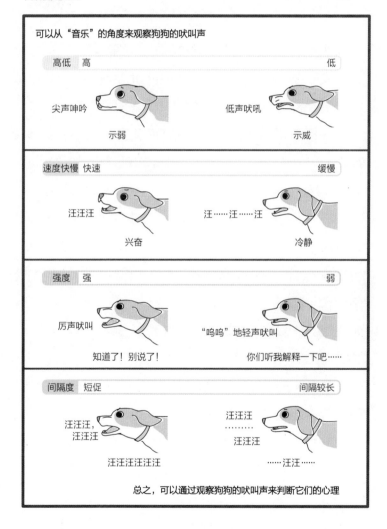

可以从"音乐"的角度来观察狗狗的吠叫声

高低	高	低
	尖声呻吟	低声吠吼
	示弱	示威

速度快慢	快速	缓慢
	汪汪汪	汪……汪……汪
	兴奋	冷静

强度	强	弱
	厉声吠叫	"呜呜"地轻声吠叫
	知道了！别说了！	你们听我解释一下吧……

间隔度	短促	间隔较长
	汪汪汪，汪汪汪	汪汪汪………汪汪汪
	汪汪汪汪汪汪	……汪汪……

总之，可以通过观察狗狗的吠叫声来判断它们的心理

用鼻子出声

主人不在身边时，狗狗会用鼻子发出尖弱的声音，这是它们寻求安慰的一种方式。当然，出生不久的小狗也会经常发出这种声音，这时候的它们实在是太需要宠主的关爱了。

幼小阶段的狗狗会在本能的驱使下用鼻子发出各种鸣叫声，随着年龄的增长，它们有的会频繁使用这种鼻声，有的再也不会发出这种声音。这和它们后天的"学习"经历有关。

从节奏上来看，哺乳期以及幼年时期的狗狗叫的节奏较快，和人类的小婴儿的哭声相似。与此相对，长大之后的狗狗所发出的鼻声就是慢节奏的，因为有一定的"表演"成分，听起来并不是那么强烈。

另外，长大之后的狗狗会将"休止符"加入到鼻声之中，它们并不是哼个不停，而是一边观察主人的反应，一边用声音向他们传递自己的诉求。与之相反，哺乳期以及幼年时期的狗狗则不会加入这么多的"戏份"。

成年狗狗会刻意控制自己的鼻声强度，哺乳期以及幼年时期的狗狗的鼻声强度则与人类的婴幼儿相同，有强烈诉求时，声音就会变得急促而有力。

总之，成年狗狗的鼻声从某种意义上来说就是一种沉稳状态下发出的诉求，在诉求强烈时，鼻声就会"升级"为"汪汪"的叫声。想要离开房间出去散步时，它们的声音会更加高亢。对于狗狗的这种"诉求式哼叫"，最好的办法就是"无视"。

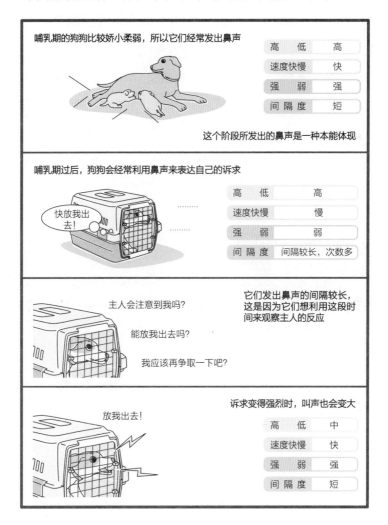

哺乳期的狗狗比较娇小柔弱，所以它们经常发出鼻声			
高	低		高
速度快慢			快
强	弱		强
间 隔 度			短

这个阶段所发出的鼻声是一种本能体现

哺乳期过后，狗狗会经常利用鼻声来表达自己的诉求		
快放我出去！		
高 低		高
速度快慢		慢
强 弱		弱
间 隔 度		间隔较长，次数多

主人会注意到我吗？

能放我出去吗？

我应该再争取一下吧？

它们发出鼻声的间隔较长，这是因为它们想利用这段时间来观察主人的反应

放我出去！

诉求变得强烈时，叫声也会变大

高	低		中
速度快慢			快
强	弱		强
间 隔 度			短

放养在室外的狗狗对着室内吠叫

如今，城市里的狗狗一般都养在室内，养在室外的已经很少见了。

室外的狗狗会一边吠叫一边观察主人的动向，所以叫声时断时续，声音强度也处于中等水平，节奏不是很快。

如果主人拉开窗帘、打开窗户、厉声呵斥的话，就中了狗狗的"圈套"了。狗狗正是发现这样可以让主人露面，所以才对着室内吠叫的。

狗狗的这种心理与那些经常恶作剧的孩子是一样的。父母以及老师越是严厉训斥，他们越会有一种心理满足感，狗狗也是如此。

再举一个极端的例子：有些人因长期被人忽视，总想弄出件大事来博得世人的关注，于是就做出了穷凶极恶的事情。狗狗有时也会用相似的方式引起主人的注意。

有的主人会简单地将它们的吠叫定义为"胡叫""瞎叫"，现在大家明白了吧，狗狗可是有它们自己的小心思的。

室外的狗狗会一边吠叫一边观察主人的动向

汪! 汪!

汪! 汪!

怎么还不出来?

我得再叫几声……

高	低	中
速度快慢		快
强	弱	强
间隔度		短

所以叫声时断时续,声音强度也处于中等水平,节奏不是很快

主人应声而出的话,正中狗狗下怀

不要再叫了!太吵了!

太好了! 终于向这边看了!

因为主人的呵斥会被它们看作是对自己的关注

做某事之后
(狗狗吠叫) → 好事
(拥其入怀) → 会发生 → 频率变高

再叫一次!

汪! 汪!

第一次的尝试获得成功之后,尝到甜头的狗狗会频频利用这种"手段"获取主人对自己的关注

语境

日语中有很多同音异义词，比如"カキ"。

同样都读成"カキ"，可是语境不同，所表达的意思是不一样的：写、下述、柿子、夏季期间、夏季、花瓶、牡蛎、火器……

作为书面语，カ我们是可以通过它的当用汉字来判断其具体含义的。即便是出现在口语会话中，我们也可以通过上下文来判断它所表达的意思。

所谓的"上下文"就是"语境"，也可为"文脉"。广义上来说，它还可以表示"前后关系""背景""状况""场面"等等。

我们也可以通过具体状况（如声音的高低、节奏、强度、间隔度）来判断狗狗吠叫时的内心活动。举例来说，如果一只被放在院子里的狗狗一直高声且快速地激烈吠叫，主人应声而出——那十有八九是狗狗想让主人开门而"出声"，让主人关注自己。

我们不仅可以根据吠叫的前后状况来分析狗狗的内心活动，还可以利用这种方法对它们的一举一动进行合理的判断，以帮助我们与狗狗和谐相处。

所谓"语境"，就是话语前提或者前言后语所形成的言语环境

饭后还吃到了甜甜的"カキ"。

根据上下文判断出女孩所说的"**カキ**"是"柿子"

通过分析狗狗吠叫的具体状况，可以帮助我们正确判断狗狗当时的心理活动

院子里的狗狗

高声、不是很快速但却很激烈地吠叫

总是"做样子"给主人看

放养在院子里的狗狗会以高声不快速但却很激烈的吠叫声向主人传递以下诉求：你快出来！快放我进去！

远吠

远吠会出现在狗狗成长过程中的某个特殊时期，是对一种特定频率且不间断的声音的本能性回应。

我家的狗狗大福在一岁之前就做过这样的事：听到外面的救护车呼啸而过，它也伸长脖子嚎叫一阵。

因为这种"远吠"没有给大福带来任何影响（发生好事或者坏事），后来，大福再也没有做过类似的事情。

以前，狗狗多数都养在院子里。这就很容易让狗狗与其他狗狗远吠呼应。当然，对方也会以相同的方式来回应。这种一唱一和式的"远吠"会让狗狗"上瘾"，从而频频地发出这种吠叫声。

现在，很多狗狗都生活在室内，已经没有了用"远吠"的方式与外界狗狗交流的环境，不过，如果听到主人的歌声以及弹奏乐器的声音，或者听到电视机里传来某种声音，狗狗内心中这种"遥远的记忆"有可能会被激活。而这时主人如果"大惊小怪"，狗狗会认为这种行为引发好的结果，就会"学习"这种行为。在电视节目中有时候会看到配合音乐"唱歌"的狗狗，就是这样学会的。

远吠出现在狗狗成长过程中的某个特殊时期，是对一种特定频率且不间断的声音的本能性回应

开始！

嗷呜……

……

呜……
呜……

……

呜……
呜……

如果远吠之后没有什么回应，狗狗以后不会再发出这种声音

以前，狗狗多数都生活在室外，听到远处传来狗狗的远吠，它们之间会互相回应，进行一唱一和式的远吠

开始！

嗷呜……

嗷呜……

做某事之后（远吠之后） → 好事（回应）

频率变高 ← 会发生（就会出现）

室内生活的狗狗也许会在歌声以及音乐声的"刺激"下进行远吠

嗷呜……

6-05

经常吠叫的坏毛病

狗狗携带吠叫的遗传基因，即便这样，也有一些狗狗是不太吠叫的。另外，一母同胞的狗狗也不尽相同，有的经常叫个不停，有的则非常安静。由此可见，成长环境对每只狗狗的影响是不同的。

遗传基因虽然会在才智等方面给人类或动物带来影响，但并不能决定一切。不管有多高的音乐天赋，如果没有后天的努力，也不会有大的成就。同理，像狗狗远吠这样的行为，如果没有在后天环境中接受某种刺激，则会永远沉睡在狗狗的记忆深处。

我们知道，与家养的狗狗相比，放养的狗狗吠叫更频繁。之所以会出现这种情况，和狗狗的社会化程度有关。狗狗如果还不能完全习惯人类社会给自己带来的各种刺激，就会有很强的警惕心，也自然会吠叫不停。习惯之后，能够成为狗狗吠叫对象的人或物自然逐渐变少，狗狗也就不会经常吠叫了。

总之，狗狗是否会经常"胡乱"吠叫与主人的行事方式有很密切的关系。所以，作为宠主，在狗狗出现问题时要反省自己的言行举止。

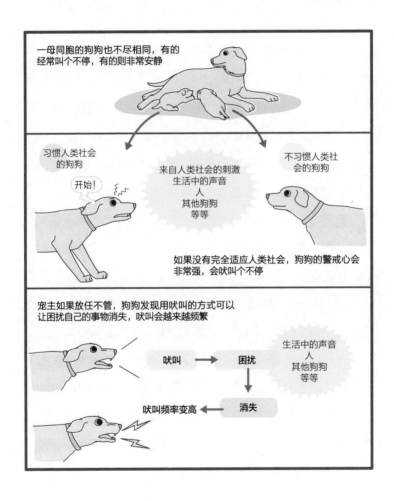

低吼

　　狼与狗狗虽然拥有同一祖先，但是它们的行为与习性在很多方面都相异。

　　狼不会像狗一样"汪汪"地叫唤，它们主要是用"低吼"以及"远吠"来与对方进行声音上的交流。

　　狼属于生物链上层的掠食者，没有必要用吠叫声来震慑对方。捕猎的时候，只要追上对方后将其控制住就可以。

　　狗狗在进化过程中慢慢拉近了与人类的距离，后来被人驯化为家畜。狗狗的"汪汪"叫声可以说是人们将这个物种驯化之后的特征之一。

　　那为什么不尝试着将狼驯化成家畜呢？一是比较危险，二是要浪费很大的劳动力，三是狼不太有驯化价值。

　　虽然狼与狗之间已经有很大区别，但也并不是毫无关系，"低吼"就是它们从共同的祖先那里遗传下来的一种行为。

　　大部分狗狗在"低吼"时都会卷起上唇，露出上牙，并且降低音高，向对方显示自己的强大。它们的低吼声会随着警告程度的不同而发生声音大小的变化。

　　狗狗"低吼"的时候很有攻击性，各位宠主以及爱狗人士要注意这一点，以免受到伤害。

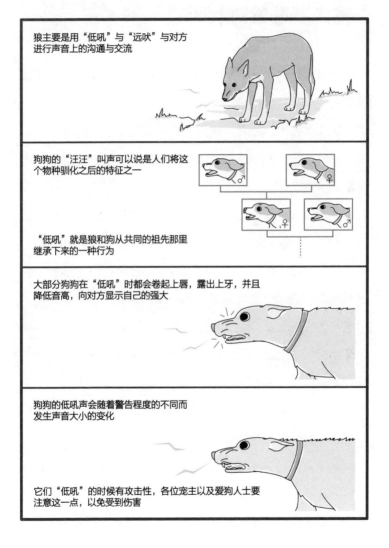

狼主要是用"低吼"与"远吠"与对方
进行声音上的沟通与交流

狗狗的"汪汪"叫声可以说是人们将这
个物种驯化之后的特征之一

"低吼"就是狼和狗从共同的祖先那里
继承下来的一种行为

大部分狗狗在"低吼"时都会卷起上唇，露出上牙，并且
降低音高，向对方显示自己的强大

狗狗的低吼声会随着警告程度的不同而
发生声音大小的变化

它们"低吼"的时候有攻击性，各位宠主以及爱狗人士要
注意这一点，以免受到伤害

主人不在家时吠叫

　　狗狗的每次"吠叫"都带有目的性，没有一只狗狗会无缘无故地"胡叫"。

　　主人不在家的时候，狗狗孤独地待在某处会觉得内心不安，所以要做点什么来缓解一下。这时候的吠叫可以理解为狗狗消除心理压力的一种方式。

　　据说以同一节奏做某事时，大脑中会释放让人产生快感的β-内啡肽。狗狗之所以会持续吠叫，也许就是这个缘故。

　　另外，如果某一次正巧在狗狗吠叫的时候主人回家了，那之后狗狗也会用吠叫的方式来期待主人的归来。这也是狗狗"学习"的结果。

　　当然，肯定会有狗狗因为听到了奇怪的声音而吠叫，它们尝试用这种方式来驱赶"对方"。

　　不管怎么说，狗狗的吠叫会影响邻居，而且也会加剧它们自己的不安心理，宠主们一定不要置之不理。

　　大家可以从以下两方面对狗狗进行训练：一是在狗狗的笼子上罩一块布，训练它们在看不到主人的情况下能够耐心等待；二是培养它们在主人离开房间的情况下也可以伏地等待的习惯。

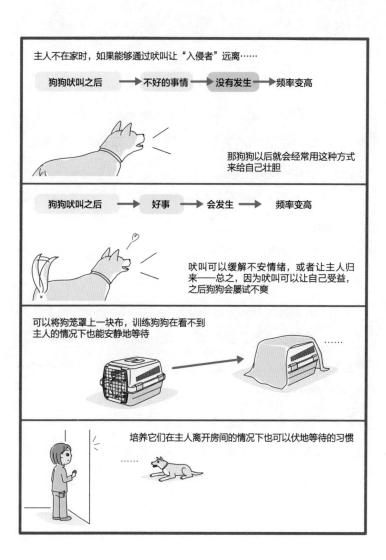

主人不在家时，如果能够通过吠叫让"入侵者"远离……

狗狗吠叫之后 ⟶ 不好的事情 ⟶ 没有发生 ⟶ 频率变高

那狗狗以后就会经常用这种方式来给自己壮胆

狗狗吠叫之后 ⟶ 好事 ⟶ 会发生 ⟶ 频率变高

吠叫可以缓解不安情绪，或者让主人归来——总之，因为吠叫可以让自己受益，之后狗狗会屡试不爽

可以将狗笼罩上一块布，训练狗狗在看不到主人的情况下也能安静地等待

……

培养它们在主人离开房间的情况下也可以伏地等待的习惯

……

6-08

夜吠

不安

有诉求

20 年前，我会花一周的时间照顾还未满两个月的小狗，10 年间共照顾了约 500 只小狗狗。那时候，每到晚上都会有 30%~40% 的狗狗哼叫个不停，还有 10% 左右的狗狗发出尖尖的声音大声叫唤。

当然，我们人类两三岁的孩子如果不在父母身边，也会哭个不停吧。

当时，我真的非常烦恼，不知道如何处理才好。经过一段时间的努力之后，我终于找到了良方妙策。

首先，我用一块布将狗箱罩上，让里面的小狗狗们感受我的气息；然后我将笼子放在我的床边，里面的狗狗叫唤的话，我就用手拍打几下笼子。这个方法还是很奏效的，很多狗狗立刻就停止了吠叫。一周之后，狗狗夜吠的现象完全消失了。

将狗狗关进笼子里是最不可取的方法，特别是里面摆上厕所，将其置放于客厅中就更糟了。隔着笼子它们能观察到外面的一切，看到空空的房间里只剩下孤零零的自己，它们会叫得更厉害。

总之，无论是为人还是为己，在开始饲养的第一周，一定要努力将狗狗的夜吠"扼杀在摇篮中"。

年幼的狗狗会因为不安而在夜里吠叫

为了不被狗狗的夜吠困扰，饲养开始的第一周非常关键

首先，我们将装有小狗狗的狗箱用布罩上，并将其放置在自己的床边

里面的小狗狗吠叫的话，我们就用手拍几下

几次之后，小狗狗就不会再叫唤了

如果只是将狗狗关在笼子里并放在空无一人的房间，狗狗会愈发地恐惧不安，它们透过笼子看到空荡荡的房间里只留下自己，肯定会通过吠叫的方式寻求关注和安慰

警戒　有诉求　其他

6-09

黎明时分吠叫

狗狗有很强的预知能力。它们感知到报纸投递员即将到来时，会用吠叫的方式告诉主人。而可能偶然一次的巧合——主人还未起床，报纸投递员就将报纸送到门口的报箱里了，狗狗吠叫几声之后，主人正巧起床了——之后，为了让主人出现，只要感觉到报纸投递员的脚步声，它们就会吠叫几声。

有时，它们也会因为感知到外面有别家的狗狗在散步而吠叫，一旦觉得自己的叫声震慑到对方了，狗狗就会频繁使用这种"武器"；或者用吠叫声和外面的狗狗打招呼之后，引起了主人的注意而被训斥，为了每天早上能让主人关注自己，它们会"铤而走险"地故意叫上几声。

正确的解决方法是，不让它们感知到这类前兆。不过，说起来容易做起来难，未起床的主人如何能控制局面呢？

一般来说，所谓的前兆式刺激几乎都来自房子周围，比如说报纸投递员的到来、清晨投射进室内的阳光、在附近散步的狗狗的脚步声，等等。

其实，只要我们让狗狗在难以感知到这些声音的地方休息就可以了，比如家里最安静的地方。所以，我们可以让狗狗睡在自己的卧室里。

　　有的狗狗会因为早上见到分别了一晚的主人而兴奋地吠叫，如果我们将狗狗放在自己的卧室中休息，也可以避免这种情况的发生。

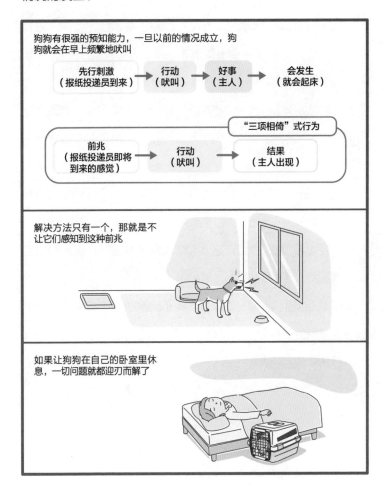

6-10

对着镜子吠叫

　　大多数狗狗在幼年时期都会对着镜子中的自己吠叫，随着年龄的增加，这种现象会慢慢消失。

　　曾有人做过这样一个心理学实验：将动物的身体涂上白粉或者涂料之后，观察它们对镜子中的自己有何反应。如果有动物试图将身上的白粉或者涂料去除，那就证明它们知道镜子中映照出来的就是自己。

　　我曾在一次动物心理学的研讨会上看过一部以野猪为实验对象的影像资料。野猪的领地意识非常强，一旦发现有入侵者，它们就会发起攻击。为了防止实验对象撞破镜子，实验者们将镜子放置到了围栏的外面。

　　实验结果证明，野猪真的想要冲破围栏，攻击镜子中涂上白粉或涂料的"自己"。可是，镜子中的"怪物"并不会逃跑，无论野猪如何疯狂地冲撞护栏，它都"泰然处之"。不久之后，野猪不再关心那个"敌人"，竟然在镜子前呼呼大睡起来。

　　虽然狗狗不会冲撞镜子，但它们的反应和野猪是类似的。对着镜子中的身影吠叫几声之后，它们也会对这个毫无反应的"事物"失去兴趣。

　　各种实验证明，狗狗以及野猪都没有能力判断出镜子中的

"敌人"就是自己。拥有这种认知能力的有三岁以上的人类、

黑猩猩等灵长类动物、海豚、大象等。

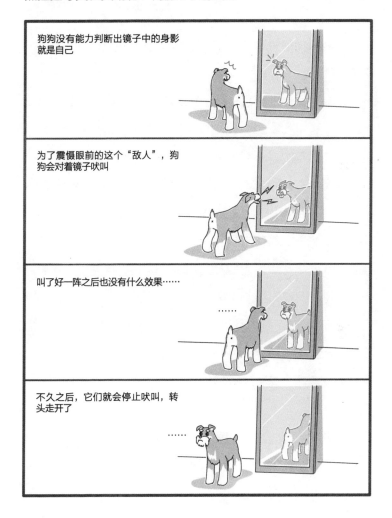

莫名其妙地向着某个方向吠叫

"我家狗狗有时候会对着墙壁以及天花板吠叫，这是为什么呢？"

听到这个问题之后，我半开玩笑地回答道："它看到幽灵了吧。"

其实这是因为，狗狗会对主人感知不到的声音做出反应。我们人类听不到的声音可以分为两种，分别是听不到音频和听不到音压。前面提到过，人类能听到的是20~20000赫兹的声音，而狗狗却能听到超过45000赫兹的声音。训练狗狗所用的"犬笛"可以发出30000赫兹的声音，这超出了人类的听力范围，而狗狗是可以听到的。

至于音压，狗狗对微弱声音的感知能力是人类的4倍左右，它们能听到下水道传来的微小声音，也能听到洗浴间排水管传来的特殊声响。既然这样，狗狗对着天花板以及墙壁吠叫就见怪不怪了。

虽然狗狗所关注的声源未必都是排水管，但确实住在公寓中的狗狗要比住在独门独户中的狗狗更容易出现莫名其妙吠叫的情况。

向着门铃吠叫

很多狗狗都是出生两个月左右来到宠主家的。小狗狗尚不知门铃为何物，因此是不会对其表示关注的。

一般来说，从开始饲养到出生 4 个月为止，这段时间是狗狗的社会化阶段。它们会在这样一个时期内探知自己的生活环境——什么事物是对自己友善的，哪些是应该避而远之的。总之，它们会在实际生活中确认、甄别身边事物的性质状态。为此，它们需要去接近各种事物。所以，相比于戒备心，这时候的它们更像是被好奇心驱使着去做各种事情。

可是，过了这个阶段之后，戒备心就会"占上风"。与此同时，狗狗的领地意识也会逐渐增强。

从出生之后的第 5 个月开始，狗狗就会用吠叫来威吓"入侵者"。如果一直不能适应外人的来访行为，狗狗的这种吠叫会持续下去。像快递员这样的来访者送完货品之后就会立刻离去，而狗狗会认为是自己的吠叫起了作用，这也成为它们以后持续吠叫的原因之一。

门铃的响声在狗狗眼中就是"入侵者"到来的前兆，它们会认为那里的声音响起之后，就会有陌生人闯入。所以，时不时对着门铃那里吠叫也就不难理解了。

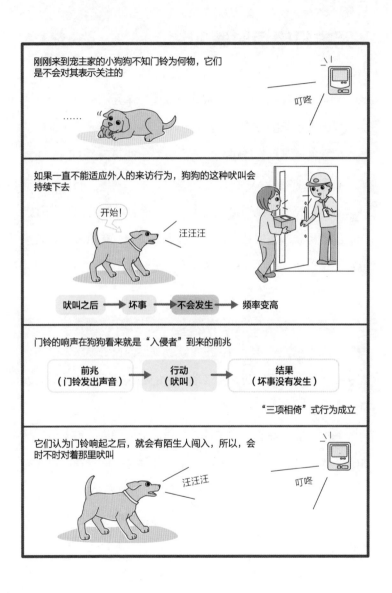

刚刚来到宠主家的小狗狗不知门铃为何物，它们是不会对其表示关注的

……

叮咚

如果一直不能适应外人的来访行为，狗狗的这种吠叫会持续下去

开始！

汪汪汪

吠叫之后 ➡ 坏事 ➡ 不会发生 ➡ 频率变高

门铃的响声在狗狗看来就是"入侵者"到来的前兆

前兆
（门铃发出声音） ➡ 行动
（吠叫） ➡ 结果
（坏事没有发生）

"三项相倚"式行为成立

它们认为门铃响起之后，就会有陌生人闯入，所以，会时不时对着那里吠叫

汪汪汪

叮咚

宠主打电话时吠叫

　　现在很多楼的安保设施都非常完备，单元门有自动上锁功能，只有该单元的住户才能自由出入，快递员要通过对讲设备与住户取得联系后方能进入。对讲机发出的声音对狗狗来说就预示着会有外物"入侵"。

　　有的狗狗一听到对讲机发出声音，就会对着它吠叫。不过，它们的这种吠叫也许并不是为了震慑入侵者，有可能是想表达某种心理诉求，比如"出去玩""看看我""要吃饭""想去散步""抱抱我"，等等。

　　这类表达诉求的吠叫是狗狗在日常生活中逐渐养成的"习惯"，因为狗狗只要吠叫，主人就会满足自己的要求。当然，如果主人不做任何回应，慢慢地，它们的这类诉求式吠叫会逐渐减少。

　　有时，主人拿着对讲电话与外界通话过程中，狗狗也会吠叫个不停。主人为了让它安静下来，往往会采取喂食或者抱抱的方式。在尝到甜头之后，以后只要主人一拿起对讲机的话筒，狗狗就会开始自己的吠叫"表演"。这就是宠主拿起对讲电话与门外来客通话时，狗狗吠叫的原因。

宠主在用对讲电话与门外访客通话时，如果狗狗吠叫不停，会让通话无法顺畅进行，为了让它们"闭嘴"，宠主也许会给它们一些美食

汪汪汪汪汪

汪汪汪

主人与他人通话中　→　吠叫之后（行动之后）　→　食物（好事）　→　得到（会发生）　→　频率变高

尝到甜头的狗狗在主人每次拿起电话的时候，就会以吠叫的方式表达自己想要食物的诉求

每当对讲设备的铃声响起时，狗狗就会开始吠叫

叮铃铃

汪汪汪

因为它们知道主人又要拿起话筒，而自己又有机会表达诉求了

 6-14

 其他

说梦话

　　进入梦乡的狗狗也会细声细气地哼叫，这其实是它们在说"梦话"。与睡眠中的抽搐相同，狗狗说梦话也是出现在"快速眼动睡眠"阶段。这时，它们也许真的在做梦。而且，梦话时常和抽搐同时出现。

　　在分析狗狗睡眠中的抽搐现象时，我进行过相关分析："快速眼动睡眠"与"非快速眼动睡眠"在睡眠过程中会交错出现。人类的睡眠每 90 分钟左右为一个周期，其中"快速眼动睡眠"大约持续 20~30 分钟。因此我们每晚睡眠的 21%~33% 都是"快速眼动睡眠"时间。狗狗的睡眠周期则是 20 分钟左右，而它们每晚的"快速眼动睡眠"时间大约占整体的 20%。

　　人类在"快速眼动睡眠"阶段很容易被吵醒，但是在其他睡眠阶段就会睡得很深。与此相对，狗狗的睡眠一直都比较浅。我曾经想拍几张自家狗狗睡觉的照片，可每次都无法拍到它们真正意义上的睡眠照片。

　　无论是睡在笼中的狗狗，还是睡在床上的狗狗，每当我们拿着相机靠近它们时，会发现其实它们的眼睛是半睁半合的，即便是仰面朝天睡觉时也是如此。

　　另外，狗狗只要听到一点声音就会从睡梦中醒来，尽管它们的"快速眼动睡眠"时间只占整体的 20%。其实，这也是它们能在古代野外那种优胜劣汰的环境中生存下来的原因之一，是为了适应那种特殊环境而逐渐形成的一种应激反应。

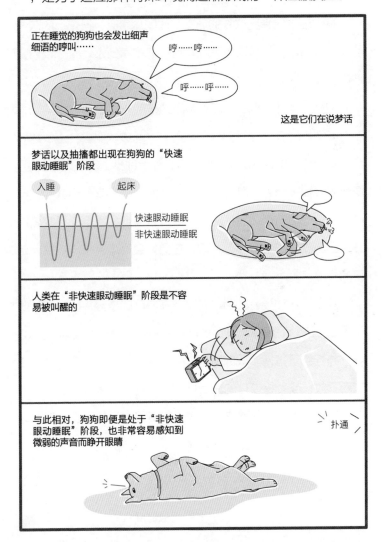

与伙伴玩耍时嘶吼

我们经常能看到这样的场景：课间休息时，操场上的孩子们三三两两地在一起快乐玩耍，他们的欢声笑语让整个校园变得热闹非凡。

狗狗与同伴玩耍时也差不多是这样的光景。

有些狗狗在一起玩追逐游戏时，会一边吠叫，一边快速奔跑，这一点在喜乐蒂牧羊犬和腊肠犬等犬种身上表现尤为明显。像我家大福，因为有腊肠犬的血统，所以很喜欢一边吠叫，一边追着其他狗狗跑。追上对方之后，有些狗狗甚至还要咬住对方颈部的皮肤或者颈圈。之后，它们就会一边嘶吼一边摇动自己的头部。

不过，这种场合的嘶吼并不存在威吓的成分。因为威吓源于内心不安，而玩耍时发出的嘶吼声是内心兴奋所致。

与狗狗玩拉拽游戏的时候，它们也会摇着头、嘶吼着咬住东西不放，或者将咬住的东西撕碎。这种嘶吼多数都是由于兴奋，当然也不能排除是由害怕失去玩具等物品的不安心理引起的，此时它们具有一定的攻击性。

6-16

吠叫着追逐猫咪

高兴

激动

狗狗喜欢追咬逃跑者，这是它们的天性，而猫咪正是激起它们追逐欲望的逃跑者之一。而且，狗狗一般都是在极其兴奋的心理状态下一边吠叫一边追逐猫咪的。

不过，并不是所有狗狗都有追咬猫咪的习惯。我同时饲养猫与狗，我的狗狗里只有大福喜欢做这种"游戏"。

我家里最先养的一只狗狗在与猫初次见面时也想调戏一下对方，但因为猫咪比狗狗先来到家里，它根本就不惧怕这个"后来者"，甚至还一边嘶叫一边对着狗狗耍起了"猫拳"。这只狗狗显然是被吓到了，那之后就再也不敢直面猫咪了。

不久之后，这只猫咪产下一群小猫之后就去世了。这群小猫和前面提到的那只狗狗一直相安无事，可是和后来的大福却如同"冤家"，更准确的说法应该是"超级玩伴"。它们经常"一方愿打一方愿挨"式地追逐嬉戏，乐此不疲。

之后，小铁和一只新的猫咪加入了我们的大家庭。最初，小铁还时不时地"欺负"一下家里的猫咪们，可新来的这只猫咪让它体会到了什么叫"毫不畏惧"——面对狗狗时，它不仅不逃跑，还用自己的拳头发起攻击。从那之后，小铁就再也没有"调戏"过猫咪们。

由此可见，先天的习性与后天的经历都会影响狗狗的行为模式。

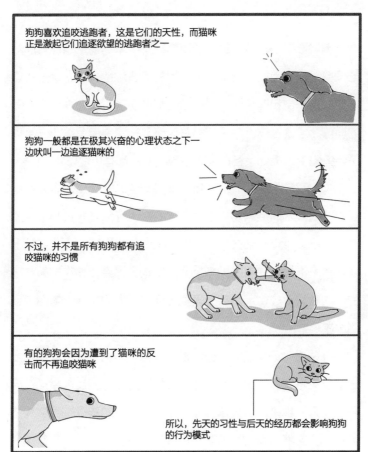

狗狗喜欢追咬逃跑者，这是它们的天性，而猫咪正是激起它们追逐欲望的逃跑者之一

狗狗一般都是在极其兴奋的心理状态之下一边吠叫一边追逐猫咪的

不过，并不是所有狗狗都有追咬猫咪的习惯

有的狗狗会因为遭到了猫咪的反击而不再追咬猫咪

所以，先天的习性与后天的经历都会影响狗狗的行为模式

对着小孩吠叫

　　狗狗会对自己从没见过的事物以及不常见的事物怀有戒备与恐惧心理。因此，如果不进行相关的适应性训练，就无法让它们与孩子们和谐相处。很多宠主都忽视了对狗狗进行这方面的训练，或者根本就不了解相关信息。在这种情况下，一旦孩子与狗狗单独相处，各种意想不到的问题都有可能发生。

　　狗狗见到自己讨厌的事物，一般都会本能地用吠叫来震慑对方。如果吠叫经常起作用，那它的吠叫行为就永远都不会改变。所以，一旦有那么一次它对着小孩吠叫之后，大人们马上就把孩子抱走，或者主人马上把它牵走，都会让狗狗觉得自己的吠叫获得了成功。之后，只要听到孩子们的声音，它们就会叫个不停。

　　在前文中，我给大家介绍过安定信号的相关信息。狗狗发出安定信号之后，如果对方做出与它们的期待相反的举动，会被认为是一种挑衅。天真无邪、好奇心旺盛的孩子们看到狗狗后也许会突然跑向它，与之对视或者大声喊叫，在狗狗眼中，这些都是对它们的挑衅。这时候，狗狗首先会以吠叫来进行威吓，之后甚至会发起攻击。

　　我家的狗狗每周大约会有两次机会和我一起去幼儿园接孩

子。虽然早就和孩子们熟识了，但偏偏就是会有淘气的小朋友突然拉拽它的耳朵或者尾巴。如果没有经过相关的训练，狗狗首先会从内心畏惧或讨厌小孩子。将心比心，想必大家也能感知到狗狗受伤害之后的心情。

如果狗狗没有受过相关的训练……

突然大声喊叫着、从正面冲过来，与自己直面对视的孩子

面对这种情况，它们会非常戒备

它们会对陌生的孩子以吠叫的方式进行威吓以及警告

吠叫之后 → 坏事 → 不会发生 → 频率变高

一旦吠叫奏效，以后只要见到孩子，狗狗就会做出相同的举动

啊哈！　哇！

有时候，即使是听到孩子们的声音，它们也会吠叫不停

参考文献

『ドッグズ・マインド』	ブルース・フォーグル 著、増井光子 監修、山崎恵子 訳 (八坂書房、1995年)
『犬の科学』	スティーブン・ブディアンスキー 著、渡植貞一郎 訳 (築地書館、2004年)
『動物に「うつ」はあるのか』	加藤忠史 著 (PHP研究所、2012年)
『生き物をめぐる4つの「なぜ」』	長谷川眞理子 著 (集英社、2002年)
『進化の存在証明』	リチャード・ドーキンス 著、垂水雄二 訳 (早川書房、2009年)
『獣医学教育モデル・コア・カリキュラム準拠 動物行動学』	森 裕司、武内ゆかり、内田佳子 著 (インター・ズー、2012年)
『進化しすぎた脳』	池谷裕二 著 (朝日出版社、2004年)
『学習の心理』	実森正子、中島定彦 著 (サイエンス社、2000年)
『動物たちのゆたかな心』	藤田和生 著 (京都大学学術出版会、2007年)
『スキナーの心理学―応用行動分析学(ABA)の誕生』	William T. O'Donohue、Kyle E. Ferguson 著、佐久間 徹 訳 (二瓶社、2005年)
『行動分析学入門―ヒトの行動の思いがけない理由』	杉山尚子 著 (集英社、2005年)
『犬語の世界へようこそ! カーミングシグナル』	テゥーリッド・ルーガス 著、テリー・ライアン 監修、山崎恵子 訳 (Legacy By Mail, Inc.、1997年)
『Stress in Dogs』	Martina Scholz、Clarissa von Reinhardt 著 (Dogwise Publishing、2006年)
『マンガでわかる神経伝達物質の働き』	野口哲典 著 (ソフトバンク クリエイティブ、2011年)
『CHANGE 14号/Bridge 6号』	ヒトと動物の関係に関する教育研究センター(ERCAZ)/NPO法人日本ペットドッグトレーナーズ協会(JAPDT)、2012年7月1日